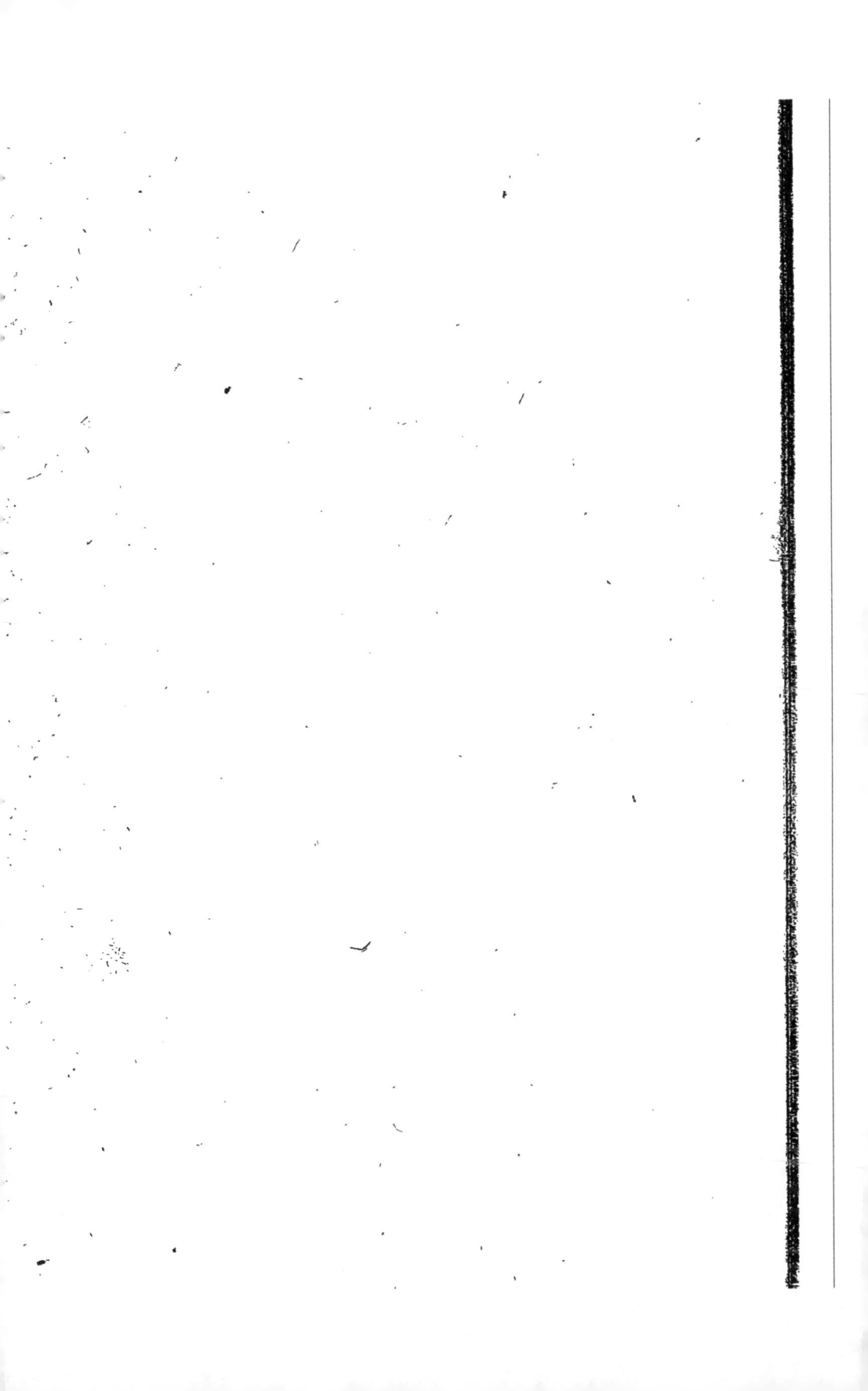

C.

ANALYSES DE PRIX.

Imprimerie de Hennuyer et Turpin, rue Lemercier, 24.
Batignolles.

ANALYSES

DE PRIX

OU

SOUS - DÉTAILS DES OUVRAGES DE TERRASSE,

PAVAGE, EMPIERREMENT EN CAILLOUTIS,

MAÇONNERIE, CHARPENTE, SERRURERIE, FONTE ET PEINTURE,

RELATIFS A LA CONSTRUCTION

DES CHEMINS DE FER, ROUTES ET CHEMINS VICINAUX;

A L'USAGE

de MM. les Officiers du génie,
les Ingénieurs des ponts et chaussées, les Agents-Voyers
et Entrepreneurs de travaux publics.

(Ouvrage divisé en huit chapitres,

Comprenant 179 sous-détails d'une application simple et facile dans tous les pays
et pour tous les cas.

PAR M. BLOTTAS,

Agent-Voyer en chef du département de l'Hérault.

PARIS,

CARILIAN-GOEURY ET Vor DALMONT,

LIBRAIRES DES CORPS ROYAUX DES PONTS ET CHAUSSSÉES ET DES MINES,
quai des Augustins, 39.

1843

ANALYSES DE PRIX.

EXPOSÉ.

Dans le génie militaire on appelle *analyses* de prix, ce qu'on nomme *sous-détails* dans le service des ponts et chaussées et dans celui des chemins vicinaux. Les architectes, à Paris, disent plus simplement *détails* de prix. Puisque l'Académie n'a pas encore donné son avis sur l'acception de ces trois mots, on peut donc les employer comme on voudra.

Les analyses ou sous-détails de prix sont une annexe comme pièce justificative du détail estimatif des travaux ; elles doivent être rédigées avec le plus grand soin, afin de ne compromettre ni les intérêts de l'administration, ni ceux des adjudicataires.

Dans les administrations publiques, les travaux à l'entreprise se font ordinairement à forfait, et très-rarement sur série de prix. Mais comme ces travaux peuvent être suspendus ou arrêtés indéfiniment dans leur exécution, et par conséquent rester inachevés, les analyses de prix sont indispensables dans les deux cas pour établir le décompte de l'adjudicataire.

Le calcul des terrasses, sans être d'une exactitude très-rigoureuse, est généralement fait avec

1

méthode et aussi bien que le peu de valeur de cette sorte d'ouvrage le comporte, et les distinctions que l'on observe pour les différentes natures de déblai sont ordinairement bien entendues.

Pour nous conformer à l'usage, nous avons compris la valeur du dressement des talus en déblai avec celle de la fouille ; mais comme il ne peut exister de rapport constant entre le volume des déblais et la surface de leurs talus, il est évident qu'il serait plus exact de compter ce travail séparément au mètre superficiel. C'est dans cette intention que nous avons rédigé, en forme d'appendice, les analyses nos 16, 17 et 18.

Pour le pavage et les chaussées en cailloutis, nous avons à peu près suivi la méthode en usage aujourd'hui, et nous avons donné des analyses de prix en nombre suffisant pour permettre d'en faire l'application à tous les cas possibles.

Les ouvrages de maçonnerie étant très-variés, soit à cause de la nature différente des matériaux, soit par leur forme en œuvre, ont exigé des détails en assez grand nombre, afin de pouvoir estimer chaque chose suivant sa valeur réelle, et de faire disparaître, s'il est possible, les mauvaises méthodes suivies jusqu'à présent.

Dans quelques parties du service public on ne distingue ordinairement que deux sortes de pierre sous le rapport du travail : celle qui est taillée en lits, joints et parements, et celle qui est simplement dégrossie ou rustiquée. On confond dans le même détail les murs droits et ceux circulaires, les massifs et les voûtes ; les ouvrages portant évidement ou refouillement, et ceux qui n'ont subi aucun travail de cette nature.

On comprend dans le prix de la pierre en œuvre, comptée en cube, tous les parements vus, rustiqués ou layés, droits ou circulaires, dont les prix sont néanmoins si différents.

Quant aux évidements et refouillements, il n'en est pas parlé le moins du monde, et pourtant ce sont là des ouvrages fort importants, qui comprennent non-seulement la valeur de la pierre, mais de plus le temps nécessaire pour la jeter bas, ainsi que la perte des tailles préparatoires faites au droit de ces mêmes évidements et refouillements.

Les mêmes fautes se reproduisent en grande partie à l'égard des ouvrages en moellons. Les massifs, les murs droits et ceux circulaires, les voûtes et leurs reins, tout est confondu dans le même détail, quoique tous ces ouvrages soient de valeurs très-différentes. Les parements jointoyés, crépis et enduits, les parements en moellons esmiliés et en moellons piqués sur plan droit ou circulaire, sont presque toujours compris dans le prix des massifs, murs et voûtes, au lieu d'être comptés séparément en superficie.

Nous n'avons pas besoin d'insister pour faire comprendre que cette méthode d'opérer est fautive, et combien elle est éloignée des plus simples notions du métré.

Comme cet ouvrage ne doit traiter que des sous-détails de prix, nous ne reproduirons pas ici les principes du métré; mais les personnes qui voudront faire une étude sérieuse et approfondie de ces principes, pourront consulter notre *Traité complet du toisé des ouvrages de maçonnerie* [1], ouvrage dans lequel on trouvera les notions les plus complètes et les plus étendues relatives au toisé de tous les travaux de maçonnerie, et dont l'application peut être faite dans tous les pays, parce que tous les principes que nous avons développés sont basés sur des expériences et des démonstrations d'une vérité incontestable. Cet ouvrage est d'ailleurs l'exposé fidèle de la science du toisé, telle qu'elle est pratiquée aujourd'hui à Paris par les architectes experts et les vérificateurs de bâtiment les plus distingués par leur savoir.

Dans les entreprises à forfait on peut faire moins de sous-détails que lorsqu'il s'agit d'estimer des ouvrages sans prix ni conditions arrêtés d'avance; mais si en pareil cas quelques négligences sont permises, il ne s'ensuit pas que l'on doive mettre en oubli les principes les plus évidents, confondre ensemble des ouvrages tout à fait dissemblables et de valeur différente, et en omettre d'autres complétement.

Les différents sous-détails que nous avons donnés

---

[1] Deux volumes in-8°, à Paris, chez MM. Carilian et Vr Dalmont, libraires-éditeurs, quai des Augustins, 39.

dans le chapitre des ouvrages de maçonnerie font connaître les distinctions qu'il est indispensable d'observer. Faire moins, ce serait vouloir persister dans la même routine et les mêmes erreurs que nous avons signalées plus haut.

Les détails des ouvrages de charpente font aussi connaître toutes les distinctions qu'il faut observer dans l'estimation des cintres de voûtes et des ponts en bois.

Pour les entreprises à forfait on pourra, dans certains cas, réunir ensemble plusieurs articles dans le même sous-détail; mais il sera toujours mieux de respecter les distinctions qui existent naturellement, soit par la qualité des bois, soit par la nature des travaux.

Pour la serrurerie, nous n'avons donné d'analyses que pour les gros fers, les grilles et boulons en usage dans la construction des ponts et autres ouvrages semblables. Les objets de quincaillerie sont trop nombreux et trop peu employés par les ingénieurs et les agents voyers, pour qu'il soit nécessaire d'en parler.

Nous avons donné les prix courants de la peinture à l'huile que l'on emploie le plus ordinairement sur bois ou sur fer pour la construction des ponts et autres ouvrages semblables. Ces prix étant à fort peu de chose près les mêmes dans tous les départements, nous avons pensé qu'il n'était pas nécessaire de faire l'analyse des couleurs, à partir de leur état solide jusqu'après leur emploi.

CHAPITRE I.

PRIX ÉLÉMENTAIRES.

§ I. *Temps de l'ouvrier.*

À Paris les tailleurs de pierre, les maçons, terrassiers, charpentiers et paveurs travaillent en été depuis 6 heures du matin jusqu'à 6 heures du soir; c'est 12 heures, sur lesquelles il faut retrancher 2 heures pour deux repas; reste 10 heures de travail.

Dans plusieurs départements les mêmes ouvriers travaillent en été depuis 5 heures du matin jusqu'à 7 heures du soir; c'est 14 heures, sur lesquelles il faut retrancher environ 3 heures pour trois repas et une heure de repos après le dîner; reste 11 heures de travail.

Dans plusieurs départements du Midi les tailleurs de pierre et les maçons font cinq repas, savoir : 1° de 6 heures du matin à 6 heures 1/2; 2° de 9 à 10 heures; 3° de midi à midi et demi; 4° de 2 à 3 heures ; 5° et enfin de 4 à 4 heures 1/2. La journée se trouve donc réduite, pour ces ouvriers, à 10 heures 1/2 de travail.

Dans les mêmes pays, la journée des terrassiers n'est que de 9 ou 10 heures de travail.

Celle des charpentiers, scieurs de long et forgerons est de 14 heures ; ces ouvriers prennent 2 heures pour leurs repas ; reste 12 heures pour le travail.

Comme on voit, le nombre des heures de travail, pour chaque journée, n'est pas le même dans tous les pays ni pour toutes les classes d'ouvriers. Mais pour ne pas employer de fractions insignifiantes, qui pourraient nuire à la simplicité des détails sans ajouter beaucoup à leur exactitude, nous avons compté la journée de travail de chaque ouvrier ainsi qu'il suit, déduction faite du temps pris pour les repas.

1º Pour les tailleurs de pierre, maçons, paveurs et terrassiers . . . . 10 heures.

2º Pour les voitures. . . . . 10 heures.

3º Et pour les charpentiers, scieurs de long et serruriers . . . . 12 heures.

§ II. *Prix des journées.*

1. Terrasse.

	PRIX DE	
	LA JOURNÉE.	L'HEURE.
	fr.	fr.
Mineur (10 heures de travail). .	2 »	» 20
Terrassier dresseur.	2 »	» 20
Terrassier ordinaire.	1 75	» 175
Manœuvre rouleur.	1 50	» 15
La journée d'une femme. . . .	1 »	» 10

2. Pavage.

	PRIX DE	
	LA JOURNÉE.	L'HEURE.
	fr.	fr.
Compagnon paveur.	2 50	» 15
Manœuvre ou garçon servant. .	1 50	» 15

3. Maçonnerie.

Tailleur de pierre.	2 75	» 275
Poseur.	3 »	» 30
Contre-poseur	2 »	» 20
Bardeur et pinceur.	1 50	» 15
Compagnon maçon.	2 50	» 25
Manœuvre.	1 50	» 15

4. Voitures.

Voiture à 1 cheval, le salaire du conducteur compris.	6 »	» 60
Voiture à 2 chevaux.	9 »	» 90
— à 3 chevaux.	12 »	1 20

On suppose assez de force à deux chevaux pour transporter un mètre cube de terre ou de gravier sur un sol ferme et à peu près de niveau. Si les chevaux sont faibles, il en faut trois au lieu de deux pour transporter à peu près la même charge ; mais en pareil cas, le prix de chaque cheval serait moins élevé.

5. Charpente.

Compagnon (12 heures de tra-
vail). . . . . 2 40 » 20
  2 scieurs de long, ensemble. . . 6 » » 50

6. Serrurerie.

Forgeron. . . . . 4 » » 83
Aide du forgeron. . . . . . . 2 » » 17
Poseur. . . . . 3 » » 25

7. Peinture.

La journée d'un peintre d'im-
pression. . . . . 2 50 » 25

§ III. *Prix des matériaux.*

fr.

Pavés en grès de roche de 22 centimètres
sur chaque arête, pris à la carrière, le
cent. . . . . 30 »
  — de 18 centimètres. . . . . 15 »
  — calco-siliceux, de 15 centimètres. . 8 »
Galets et gros cailloux bruts, de 15 centimètres de queue, extraits de la carrière,
le mètre cube. 1 75
Chaux grasse, prise au four ou au magasin, le mètre cube¹. . . . . 15 »

¹ La chaux calcinée en pierre pèse 850 kilogrammes le mètre cube,
terme moyen.

fr.

Chaux moyennement hydraulique. . .   18 »

— éminemment hydraulique. . . . . . . 20 »

Sable pris dans les ravins ou à la car-

rière. . . . . » 75

Ciment ordinaire, rendu au chantier. . . . 10 »

— fin. . . . . 13 »

Grès dur, équarri grossièrement, pris

sur la carrière. . . . . 25 »

— tendre, idem. . . . . 12 »

Pierre dure calcaire. . . . . 16 »

—   de banc franc. . . . . 9 »

Moellon très-dur. . . . . 3 »

—   de banc franc. . . . . 2 »

Gros cailloux, poudingues ou grisons,

pris sur la carrière. 1 75

Briques de 0^m 21 sur 0^m 11 et 0^m 054,

prises au magasin, le mille. . . . . 25 »

Petits cailloux et gros graviers pour bé-

ton, rendus au chantier, le mètre cube. . 2 »

Bois de chêne ordinaire, bien équarri,

rendu au chantier. . . . . 70 »

— de 3e qualité. . . . . 80 »

— de 2e qualité. . . . . 90 »

— de 1re qualité. . . . . 110 »

— en sapin du Nord. . . . . 50 »

Jusqu'à 8 mètres de longueur et 32 centimètres
d'équarrissage, le bois de chêne est considéré
comme bois ordinaire; mais au-dessus de ces dimensions, il est classé bois de qualité. La première
qualité comprend les plus gros et les plus longs.

LE QUINTAL
MÉTRIQUE.

fr.

Fer carré ordinaire, le quintal métrique,
ou les 100 kilogrammes.   70   »

— plat , idem. . . . . :   70   »

Petit fer de 15 à 18 millimètres carrés.   80   »

Idem plat, de 6 millimètres d'épaisseur,
sur 3 ou 4 centimètres de largeur. . . .   85   »

Fer rond de 25 à 42 millimètres de diamètre.   85   »

Idem de 15 à 20 millimètres.   90   »

CHAPITRE II.

TERRASSE.

§ I. *Fouille de terre, extraction de roc et dressement des talus.* — Détails pour un mètre cube.

1. Terre douce et sablonneuse fouillée à la bêche.

fr.

Temps pour la fouille , une heure de terrassier. . . . . » 175

Pour le dressement des talus en déblai[1], 4 minutes de terrassier dresseur, à 0 fr. 20 l'heure. . . . . » 013

Faux frais, 1/20. . . . . » 009

_____

» 19?1

Bénéfice, 1/10. . . . . » 020

_____

Prix du mètre cube. . . . . . . » 21'7

Nous avons dit plus haut qu'il serait beaucou p

_____

[1] Ce travail s'applique nécessairement aux talus des fossés, a ux accotements et à l'encaissement de la chaussée dans les parties en déblai.

plus exact de compter le dressement des talus en déblai séparément de la fouille. Cependant, pour nous conformer à l'usage, nous avons cru devoir comprendre ces deux choses dans le même détail ; mais comme nous avons donné des détails particuliers pour le dressement des talus en déblai (articles 16 et suivants), il sera toujours facile de compter séparément, quand on voudra, ces deux sortes d'ouvrages.

2. Terre ordinaire fouillée à la pioche.

fr.

Fouille, une heure 30 minutes de terrassier, à 0 fr. 175 l'heure.	» 263
Pour le dressement des talus, 6 minutes de terrassier dresseur, à 0 fr. 20 l'heure. .	» 020
Faux frais, 1/20.	» 014
	» 297
Bénéfice, 1/10.	» 030
Prix du mètre cube.	» 327

3. Terre argileuse ordinaire, mêlée de pierrailles.

Fouille, 2 heures 30 minutes de terrassier, à 0 fr. 175 l'heure.	» 438
Pour le dressement des talus, 8 minutes de dresseur, à 0 fr. 20 l'heure.	» 025
Faux frais, 1/20.	» 023
A reporter.	» 486

fr.

$$\text{Report.} \quad \dots \dots \quad \text{» } 486$$

Bénéfice, 1/10. . . . . » 049

———————

Prix du mètre cube. . . . . . . » 535

4. Terre très-forte, mêlée de pierrailles et tuf tendre.

Fouille, 3 heures 30 minutes de terrassier, à 0 fr. 175 l'heure. . . . . » 613

Pour le dressement des talus, 12 minutes de dresseur, à 0 fr. 20 l'heure. . . . » 040

Faux frais, 1/20. . . . . » 033

———————

» 686

Bénéfice, 1/10. . . . . » 069

———————

Prix du mètre cube. . . . . . . » 755

5. Tuf très-dur.

Fouille, 5 heures de terrassier, à 0 fr.
175 l'heure. . . . . » 875

Pour le dressement des talus, 20 minu-
tes de terrassier dresseur, à 0 fr. 20 l'heure. » 067

Faux frais, 1/20. . . . . » 048

———————

» 990

Bénéfice, 1/10. . . . . » 099

———————

Prix du mètre cube. 1 089

6. Roc mêlé de terre, déblayé à la pioche et à la pince.

Fouille, 6 heures de terrassier, à 0 fr.

fr.

175 l'heure. 1 050

Pour le dressement des talus, comme au numéro précédent. . . . . » 067

Faux frais, 1/20. . . . . » 059

1 176

Bénéfice, 1/10. . . . . » 118

Prix du mètre cube. 1 294

7. Roc extrait à la pince, au coin et à la masse.

Extraction du rocher, 8 heures de terrassier, à 0 fr. 175 l'heure. 1 400

Pour le dressement des talus, 25 minutes de terrassier dresseur, à 0 fr. 20 l'heure. » 083

Outils et faux frais, 1/15. . . . . » 099

1 582

Bénéfice, 1/10. . . . . » 158

Prix du mètre cube. 1 740

8. Roc calcaire très-dur, extrait à la poudre.

Temps pour la confection des trous de mine et les charger de poudre, et pour l'exploitation du roc après l'explosion :

5 heures de mineur, à 0 fr. 20 l'heure. 1 »

5 heures de manœuvre, à 0 fr. 15 l'heure. . . . . » 750

A reporter. 1 750

	fr.
Report.	1 750
0 k. 15 de poudre de mine, à 2 fr. 25 le kilogramme.	» 338
Pour le dressement des talus, 30 minutes de dresseur, à 0 fr. 20 l'heure. . . .	» 100
Frais d'outils de mineur et faux frais, 1/10 de la main-d'œuvre (1 fr. 850). . .	» 185
	2 373
Bénéfice, 1/10.	» 237
Prix du mètre cube.	2 610

Le prix ci-dessus est applicable aux déblais de roc en masses ordinaires, ou lorsque dans la même entreprise on rencontre des déblais en petites parties et d'autres en grandes masses.

Mais si ces déblais ne devaient avoir généralement qu'une très-faible profondeur, leur prix serait nécessairement plus élevé; car, pour atteindre la profondeur déterminée par les profils de la route, on est toujours forcé d'extraire un volume de rocher plus considérable.

Cette observation s'applique encore plus particulièrement à la construction des fossés dans le roc, dont les dimensions exiguës et tout en profondeur présentent des difficultés que l'on ne rencontre pas dans les autres déblais de même nature.

Le roc en granit ou en grès exige souvent plus de temps pour la confection des trous de mine que pour les roches calcaires très-dures du détail précédent; mais l'ingénieur ou l'agent voyer saura toujours bien apprécier le degré de dureté des différentes roches.

Avant de rédiger la série de prix d'une entreprise, il est bon de s'assurer, autant que possible, de la nature du terrain à déblayer. Car si parmi les déblais il doit se rencontrer des matériaux propres à la construction de la route ou du chemin, soit pour l'empierrement, soit pour les ouvrages d'art, il sera nécessaire d'en faire mention dans des sous-détails particuliers, en y portant ces matériaux sous le titre de *matériaux pris et choisis dans les déblais*.

Dans la composition des prix, on ne distingue pas les déblais en petite partie de ceux en grande masse. On se contente d'établir un prix moyen pour chaque qualité de terrain à déblayer. Mais comme on peut toujours connaître d'avance, au moyen de l'avant-métré, le volume des masses de déblais projetés, il sera toujours facile de rédiger les sous-détails d'après la valeur moyenne de ces déblais.

Toutefois on compte séparément, d'après un prix particulier, les fouilles qui exigent un travail plus considérable que celui des déblais ordinaires.

Ainsi, les fouilles faites en rigoles pour des murs en fondation valent environ un tiers de plus que les prix portés dans les détails précédents.

Celles faites dans l'eau, au louchet, au draguin, ou au ponton, sont estimées en raison de la difficulté du travail, et suivant la nature du terrain à déblayer.

Quelques personnes comprennent avec le temps de la fouille celui de l'emploi des terres dans les remblais. C'est à tort; car le cube de la fouille se mesure toujours sur les déblais, tandis que celui de l'emploi des terres comprend en outre le même foisonnement que pour le jet à la pelle et le transport. Il faut donc compter le temps qu'exige l'emploi des terres, soit dans le détail du jet à la pelle, soit dans celui de la charge et de la décharge des brouettes et tombereaux.

§. II. *Mouvement des terres.*

Cette section comprend le jet des déblais qui doivent être employés transversalement dans l'étendue des profils auxquels ils correspondent, et les transports, soit à la brouette, soit au tombereau.

Les transports se composent de deux éléments distincts, la charge et la décharge, et le roulage.

Dans l'administration des ponts et chaussées, et celle des chemins vicinaux, on évalue ordinairement les transports et le temps perdu par l'équipage pendant le chargement, au moyen de deux formules, dont l'une s'applique au transport à la brouette, et l'autre au tombereau. Ces formules, quoique fort simples, ne peuvent néanmoins être comprises du plus grand nombre des entrepreneurs. Il faut à ces ouvriers quelque chose de plus simple encore, et c'est ce que nous avons tâché de faire.

9. Charge d'un mètre cube de terre en brouette, ou jet à la pelle et régalage des déblais dans l'étendue des profils auxquels ils correspondent.

		fr.
Temps, 25 minutes de terrassier, à 0 fr. 175 l'heure.	»	073
Faux frais, 1/20.	»	004
	»	077
Bénéfice 1/10.	»	008
Prix du mètre cube.	0	085

Transport à la brouette.

L'expérience a démontré qu'un manœuvre rouleur pouvait transporter dans sa journée, sur un terrain de niveau, 1 mètre cube de terre ordinaire à 1,000 mètres de distance, non compris le temps du chargement. C'est donc 36 minutes pour chaque relais de 30 mètres, compris l'aller et le retour.

10. Transport à la brouette d'un mètre cube de terre ordinaire à 30 mètres de distance, et emploi des terres en remblai.

Temps, 36 minutes de manœuvre rouleur, à 0 fr. 15 l'heure.	»	090
Faux frais, 1/20.	»	005
	»	095
Bénéfice, 1/10.	»	010
Prix du mètre cube.	»	105

Dans les cahiers d'analyses, le même article comprendra la charge et le transport.

Lorsque le transport aura lieu sur un terrain en rampe de 5 centimètres par mètre, il faudra compter un tiers de plus que le prix précédent.

Si au contraire le terrain est en pente de 2 à 3 centimètres par mètre, on comptera 1/10 de moins.

On doit observer que le temps du roulage dépend nécessairement de la force du manœuvre rouleur, et par conséquent du poids du chargement. Ainsi le détail précédent, qui s'applique au transport d'une terre de pesanteur moyenne, doit être légèrement modifié, soit en moins, soit en plus, lorsqu'il s'agit du transport d'une terre fort légère ou d'une terre très-compacte.

La même observation est applicable au transport au tombereau.

Transport au tombereau.

Dans les grands ateliers bien organisés, il y a ordinairement quatre hommes pour charger les tombereaux, et deux autres pour les décharger et faire l'emploi des terres dans les remblais.

Mais dans les ateliers moins importants, il n'y a que deux hommes pour charger les voitures, et un seul pour en opérer la décharge et régaler les terres. C'est d'après cette dernière base que nous avons établi les détails qui vont suivre.

Dans les pays de montagnes, où les déblais sont presque tous extraits du rocher, le chargement des voitures est ordinairement fait au moyen de légères corbeilles en osier, par sept ou huit femmes à la fois. Cette méthode est fort bonne en pareil cas ; mais lorsque les déblais sont en terre ou en toute autre matière très-divisée, le chargement des tombereaux à la pelle présente plus d'avantages et plus de facilités.

D'après des attachements pris avec soin sur le terrain, nous avons reconnu que le temps de la charge d'un mètre cube de terre dans un tombereau était de 9 minutes à deux hommes ; que celui de la décharge était de 3 minutes à un seul homme, et que le temps nécessaire à l'emploi des terres dans les remblais était d'environ 6 minutes.

L'expérience a démontré qu'un tombereau attelé de deux chevaux, portant 1 mètre cube de terre ou de gravier, parcourra, sur un sol à peu près de niveau et assez ferme, environ 30,000 mètres par jour ou 10 heures de marche. C'est 4 minutes de temps pour chaque distance de 100 mètres, ou 200 mètres de parcours, compris l'aller et le retour.

C'est d'après ces données élémentaires que les transports des terres ont été calculés.

Nous avons aussi compris avec le chargement le transport et le déchargement, l'emploi des terres dans les remblais ; car ce dernier travail est ordinairement exécuté par l'ouvrier préposé au déchargement des tombereaux. Au reste, il faut bien que ce terrassier occupe tout son temps, puisque, sur les 9 minutes du chargement, il n'emploie que 3 minutes au déchargement. Il est donc tout naturel que les 6 minutes restantes soient employées au régalage des terres.

11. **Charge en tombereau, décharge et régalage d'un mètre cube de terre ordinaire.**

fr.

Temps pour charger le tombereau, 9 minutes de deux terrassiers, ensemble 18 minutes, à 0 fr. 175 l'heure. . . . . . » 0525

Pour le décharger, 3 minutes de terrassier, à 0 fr. 175 l'heure. . . . . » 0088

Temps de l'équipage pendant le chargement et le déchargement, 12 minutes de tombereau à 2 chevaux, à 0 fr. 90 l'heure. . . . . » 1800

Emploi des terres dans les remblais, 6 minutes de terrassier, à 0 fr. 175 l'heure. . . . . » 0175

Faux frais, 1/20. . . . . » 0129

» 2717

Bénéfice, 1/10. . . . . » 0272

Prix du mètre cube. . . . . . . » 2989

12. Transport d'un mètre cube de terre ordinaire ou de gravier, à 100 mètres de distance, au moyen d'un tombereau attelé de deux chevaux, sur un terrain à peu près ferme et de niveau.

fr.

Temps de l'équipage à parcourir une distance de 100 mètres, 4 minutes, à 0 fr. 90 l'heure. . . . . » 060

Faux frais, 1/20. . . . . » 003

» 063

Bénéfice, 1/10. . . . . » 006

Prix du mètre cube pour chaque distance de 100 mètres. . . . . . . » 069

Dans les analyses, on ne formera qu'un seul sous-détail des deux articles précédents.

13. Transport d'un mètre cube de terre à 100 mètres de distance, au moyen d'un tombereau attelé de trois chevaux, sur un terrain en rampe de 5 centimètres par mètre.

Temps de l'équipage à parcourir la distance de 100 mètres, 4 minutes, à 1 fr. 20 l'heure. . . . . » 080

Faux frais, 1/20. . . . . » 004

» 084

Bénéfice, 1/10. . . . . . . » 008

Prix du mètre cube pour chaque distance de 100 mètres. . . . . » 092

14. Terre montée au treuil par deux hommes, et chargée
par un troisième à 5 mètres de profondeur.

fr.

Temps des trois hommes pour un mètre
cube, 3 heures, à 0 fr. 175 l'heure. . . .   » 525
Faux frais et cordes, 1/15. . . . .   » 035
                                            _____
                                              » 560
Bénéfice, 1/10. . . . .   » 056
                                            _____
Prix du mètre cube. . . . . . .   » 616

15. Terre idem montée de 10 mètres de profondeur.

Temps des trois hommes, 4 heures, à
0 fr. 175 l'heure. . . . .   » 700
Faux frais, 1/15. . . . .   » 047
                                            _____
                                              » 747
Bénéfice, 1/10. . . . .   » 075
                                            _____
Prix du mètre cube. . . . . . .   » 822

§ III. *Dressement des talus en déblai, lorsque ce travail
n'est pas compris dans le prix de la fouille.*

16. En terre ordinaire.

Temps, 6 minutes de terrassier dres-
seur, à 0 fr. 20 l'heure . . . .   » 020
Faux frais, 1/20. . . . .   » 001
                                            _____
                                              » 021
Bénéfice, 1/10. . . . .   » 002
                                            _____
Prix du mètre superficiel. . . .   » 023

17. Idem en terre forte et pierreuse.

fr.

Temps, 10 minutes de terrassier dres-
seur, à 0 fr. 20 l'heure. . . . . : » 033
Faux frais, 1/20. . . . . : » 002

» 035
Bénéfice, 1/10. . . . . » 004

Prix du mètre superficiel. . . . . » 039

18. Idem dans le roc.

Temps, 30 minutes de terrassier dresseur, à 0 fr. 20 l'heure. . . . . : » 100
Faux frais et outils, 1/15. . . . . . . » 007

» 107
Bénéfice, 1/10. . . . . » 011

Prix du mètre superficiel. . . . » 118

Si, pour abréger les calculs, on comprend la
fouille et le ragrément des talus dans le même sous-
détail, il faut se rendre compte préalablement de la
superficie des talus qui doivent s'appliquer à chaque
sorte de déblai portée à l'avant-métré, afin de connaître par aperçu le rapport qui existe entre ces
deux sortes d'ouvrages.

19. Pilonnage d'un mètre cube de terre par couches successives de 20 à 25 centimètres d'épaisseur, avec arrosement des terres au fur et à mesure de leur emploi.

		fr.
Temps pour jeter les terres à la pelle dans les remblais, 20 minutes de terrassier, à 0 fr. 175 l'heure.	»	058
Pour arroser les terres, les pilonner ou les damer, 30 minutes de terrassier, à 0 fr. 175 l'heure.	»	088
Faux frais, 1/20.	»	007
	»	153
Bénéfice, 1/10.	»	015
Prix du mètre cube.	»	168

On suppose ici que l'eau pour l'arrosement des terres est prise dans une rivière ou un bassin à la proximité du remblai, c'est-à-dire dans un rayon de 30 ou 40 mètres au plus; mais s'il faut aller prendre l'eau à une plus grande distance, ou s'il faut la tirer d'un puits, le prix ci-dessus devra être augmenté en raison des difficultés que l'on rencontrera.

Il faut remarquer que le damage et le pilonnage des terres n'ont lieu que pour des cas tout à fait exceptionnels, et notamment lorsque l'on peut avoir à redouter leur trop grande poussée contre les murs de soutènement. Mais les remblais ordinaires de routes ne subissent aucune opération de pilonnage de cette nature; le tassement s'opère naturellement avec le temps par le propre poids des terres, par l'effet des pluies, et par le roulage des voitures et des brouettes employées aux ouvrages de terrassement.

CHAPITRE III.

CHAUSSÉES, CANIVEAUX ET CASSIS.

§ I. *Pavage.*

20. Gros pavés en grès de roche de 22 centimètres sur chaque arête, pris à la carrière et transportés à 1,000 mètres de distance.

	fr.
100 gros pavés, pris à la carrière . . .	30 »
Temps pour charger et décharger la voiture, 30 minutes de compagnon et aide, à 0 fr. 40 l'heure	» 200
Temps de l'équipage à 3 chevaux, pendant le chargement et le déchargement, 30 minutes à 1 fr. 20 l'heure	» 600
Transport à 1,000 mètres de distance, 40 minutes à 1 fr. 20 l'heure.	» 800
Faux frais, 1/15 de la main-d'œuvre (1 fr. 60)	» 107
Prix d'un cent de gros pavés. . . .	31 707

D'après le détail précédent, chaque distance de 100 mètres, pour le transport d'un cent de gros pavés, vaut 8 centimes, non compris faux frais et bénéfice.

21. Pavés idem de 18 centimètres de côté, pris à la carrière et transportés à 1,000 mètres de distance dans une voiture à deux chevaux.

fr.

120 pavés, pris à la carrière, à 15 fr. le cent. . . . . 18 »

Temps pour charger et décharger la voiture, 25 minutes de compagnon et aide, à 0 fr. 40 l'heure . . . . » 167

Temps de l'équipage, pendant le chargement et le déchargement, 25 minutes, à 0 fr. 90 l'heure. . . . . » 375

Transport à 1,000 mètres de distance, 40 minutes, à 0 fr. 90 l'heure. . . . . » 600

Faux frais, 1/15 de la main-d'œuvre (1 fr. 142) . . . . » 076

Prix de 120 pavés 19 218

Le cent revient à 16 015

D'après le détail ci-dessus, chaque distance de 100 mètres vaut 6 centimes, non compris faux frais et bénéfice.

22. Pavés en pierre calco-siliceuse, très-dure, de 15 centimètres de côté, pris à la carrière et transportés dans une voiture à deux chevaux, à 1,000 mètres de distance.

200 pavés à 8 fr. le cent. . . . . 16 »

A reporter. . . . . . 16 »

	fr.	
Report.	16	»

Temps pour charger et décharger la voiture, 30 minutes de compagnon et aide, à 0 fr. 40 l'heure. . . . . » 20

Temps de l'équipage pendant le chargement et le déchargement, 30 minutes, à 0 fr. 90 l'heure. . . . . » 45

Transport à 1,000 mètres de distance, 40 minutes, à 0 fr. 90 l'heure. . . . . » 60

Faux frais, 1/15 de la main-d'œuvre (1 fr. 25). » 08

Prix de 200 pavés. 17 33
Le cent revient à. 8 67

D'après le détail précédent, chaque distance de 100 mètres, pour le transport de 200 pavés, revient à 6 centimes, non compris faux frais et bénéfice.

23. Galets ou gros cailloux de 15 centimètres de queue, extraits de la carrière, chargés et transportés à 1,000 mètres de distance dans un tombereau à deux chevaux.

Temps pour extraire un mètre cube de galets ou de cailloux, et les choisir, une journée de terrassier. 1 750

Temps pour charger la voiture, 12 minutes à 3 hommes, ensemble 36 minutes,

A reporter. 1 750

fr.

Report. 1 750

à 0 fr. 175 l'heure. . . . . » 105

Pour le déchargement, 4 minutes, à 0 fr. 175 l'heure. . . . . » 012

Temps de l'équipage pendant le chargement et le déchargement, 16 minutes, à 0 fr. 90 l'heure. . . . . » 240

Transport à 1,000 mètres de distance, 40 minutes, à 0 fr. 90 l'heure. . . . . » 600

2 707

Faux frais, 1/15. . . . . » 180

Prix du mètre cube. 2 887

24. Pavage en gros pavés de grès de 22 centimètres sur chaque arête, posés sur forme de sable.

17 pavés rendus sur le chantier, à 31 fr. 71 le cent (n° 20). 5 39

Sable pour la forme, le remplissage des joints et la couche du dessus, 0m 20 cubes, à 0 fr. 75 le mètre. . . . . » 15

Temps pour faire la forme et poser les pavés, 35 minutes de compagnon et de manœuvre, à 0 fr. 40 l'heure. . . . . » 24

Faux frais, 1/15 de la main-d'œuvre (0 fr. 24). . . . . » 02

5 80

Bénéfice, 1/10. . . . . » 58

Prix du mètre superficiel. 6 38

25. Pavage en pavés de grès de 18 centimètres sur chaque arête, posés sur forme de sable.

tr.

25 pavés rendus au chantier, à 16 fr. le cent (n° 21).   4   »

Sable pour la forme, le remplissage des joints et la couche du dessus, 0^m 15 cubes, à 0 fr. 75 le mètre. . . . .   »   11

Temps pour faire la forme et poser les pavés, 40 minutes de compagnon et de manœuvre, à 0 fr. 40 l'heure. . . . .   »   27

Faux frais, 1/15 de la main-d'œuvre (0 fr. 27). . . . .   »   02

—————

4   40

Bénéfice, 1/10. . . . .   »   44

—————

Prix du mètre superficiel.   4   84

26. Pavage en pavés de pierre calco-siliceuse très-dure, de 15 centimètres sur chaque arête, pour caniveaux et cassis, posés sur forme de sable.

44 pavés rendus au chantier, à 8 fr. 67 le cent (n° 22).   3   81

0^m 15 de sable, à 0 fr. 75 le mètre cube. .   »   11

Temps pour la pose des pavés et faire la forme, 50 minutes de compagnon et de manœuvre, à 0 fr. 40 l'heure. . . . .   »   34

—————

A reporter.   4   26

Report. 4 26

Faux frais, 1/15 de la main-d'œuvre (0 fr. 34). . . . . » 02

_____

4 28

Bénéfice, 1/10. . . . . » 43

_____

Prix du mètre superficiel. 4 71

Les pavés sont supposés bien équarris ; mais s'il fallait les retailler sur le chantier, le prix de cette retaille devrait être ajouté au détail précédent.

27. Pavage en gros cailloux bruts ou galets, de 15 centimètres de queue, posés sur forme de sable.

0^m 16 cubes, compris déchet, de gros cailloux ou galets choisis, de 15 centimètres de queue, à 2 fr. 89 le mètre cube (n° 23). » 46

0^m 15 cubes de sable, à 0 fr. 75 le mètre. » 11

Temps pour la taille de quelques cailloux et leur pose, 1 heure 15 minutes de compagnon et de manœuvre, à 0 fr. 40 l'heure. . » 50

Faux frais, 1/15 de la main-d'œuvre (0 fr. 50). . . . . » 03

_____

1 10

Bénéfice, 1/10. . . . . » 11

_____

Prix du mètre superficiel. 1 21

Lorsque les pavés seront posés sur forme en

tère, le prix du sable sera retranché des détails précédents.

Les terrassements pour établir et régler la forme du pavage sont compris dans les mêmes détails; mais lorsque l'établissement des pentes et contre-pentes nécessitera des transports de terre prise en dehors du chantier, ou qu'il en résultera des mouvements de terre de plus de 15 centimètres d'épaisseur moyenne, l'excédant sera compté en plus séparément du pavage.

28. Gros pavés remaniés, posés sur forme neuve de sable.

		fr.
0^m 10 de sable, à 0 fr. 75 le mètre cube.	»	08
Temps pour la dépose et la repose des anciens pavés et faire la forme, 40 minutes de compagnon et de manœuvre, à 0 fr. 40 l'heure.	»	27
Faux frais, 1/15 de la main-d'œuvre. .	»	02
	»	37
Bénéfice, 1/10.	»	04
Prix du mètre superficiel.	»	41

29. Pavés remaniés de 15 centimètres sur chaque arète, posés sur forme de sable.

0^m 10 cubes de sable, à 0 fr. 75 le mèt.	»	08
À reporter.	»	08

fr.

Temps pour la dépose, le rafraîchisse-
ment des joints, faire la forme et reposer
les pavés, 1 heure de compagnon et de manœuvre. . . . . » 40

Faux frais, 1/15 de la main-d'œuvre. . » 03

» 51

Bénéfice, 1/10. . . . . » 05

Valeur du mètre superficiel. . . . » 56

30. Gros cailloux bruts ou galets, remaniés sur forme de sable.

0^m 10 de sable, à 0 fr. 75 le mètre cube. » 08

Façon, 1 heure 15 minutes de compagnon et de manœuvre, à 0 fr. 40 l'heure. » 50

Faux frais, 1/15 de la main-d'œuvre. . . » 03

» 61

Bénéfice, 1/10. . . . . » 06

Prix du mètre superficiel. . . . . . » 67

**31. Gros pavés neufs de 22 centimètres de côté, posés en recherche
sur forme de sable.**

100 pavés rendus sur le chantier. . . 31 71

Sable pour le fond et les joints, 0^m 40, à
0 fr. 75 le mètre cube. . . . . » 30

A reporter. 32 01

	fr.	
Report.	32	01

Temps pour arracher les anciens pavés
et poser les nouveaux, 14 heures de compagnon et de manœuvre, à 0 fr. 40
l'heure. . . . . | 5 | 60 |

Faux frais, 1/15 de la main-d'œuvre. . | » | 37 |

| | 37 | 98 |
| Bénéfice, 1/10. . . . . | 3 | 80 |

| Prix de 100 pavés. . . . . | 41 | 78 |
| Prix de chaque pavé. . . . . . . | » | 42 |

32. Pavés neufs de 18 centimètres, posés en recherche sur forme de sable.

100 pavés rendus au chantier (n° 21). | 16 | » |

Sable pour le fond et les joints, 0ᵐ 30, à
0 fr. 75 le mètre cube. . . . . | » | 23 |

Temps pour arracher les anciens pavés
et poser les nouveaux, 12 heures de compagnon et de manœuvre, à 0 fr. 40
l'heure. . . . . | 4 | 80 |

Faux frais, 1/15 de la main-d'œuvre. . . | » | 32 |

| | 21 | 35 |
| Bénéfice, 1/10. . . . . | 2 | 14 |

| Prix de 100 pavés. . . . . | 23 | 49 |
| Prix de chaque pavé. . . . . | » | 23 |

33. Pavés de 15 centimètres de côté, posés idem en recherche.

		fr.
100 payés rendus au chantier (n° 22).	8	67
Sable pour le fond et les joints, 0^m 25 cubes, à 0 fr. 75 le mètre.	»	19
Temps pour arracher les anciens pavés et poser les nouveaux, 10 heures de compagnon et de manœuvre, à 0 fr. 40 l'heure.	4	»
Faux frais, 1/15 de la main-d'œuvre. .	»	27
	13	13
Bénéfice, 1/10.	1	31
Prix de 100 pavés.	14	44
Prix de chaque pavé.	»	14

§ II. *Empierrements en cailloutis.*

34. Charge en brouette et décharge d'un mètre cube de cailloux ou de gravier.

Temps, 30 minutes de terrassier, à 0 fr. 175 l'heure.	»	088
Faux frais, 1/20.	»	004
	»	092
Bénéfice, 1/10.	»	009
Prix du mètre cube.	»	101

35. Transport à la brouette, à 30 mètres de distance, d'un mètre cube de cailloux ou de gravier, sur un sol à peu près de niveau.

		fr.
Temps, 40 minutes de terrassier, à 0 fr. 175 l'heure.	»	117
Faux frais, 1/20.	»	006
	»	123
Bénéfice, 1/10.	»	012
Prix du mètre cube pour chaque relais de 30 mètres.	»	135

36. Charge en tombereau et décharge d'un mètre cube de cailloux ou de gravier.

Temps pour charger le tombereau, 7 minutes à 4 hommes, ensemble 28 minutes, à 0 fr. 175 l'heure.	»	0817
Pour le déchargement, 3 minutes, à 0 fr. 175 l'heure.	»	0087
Temps de l'équipage à 2 chevaux pendant le chargement et le déchargement, 10 minutes, à 0 fr. 90 l'heure.	»	1500
	»	2404
Faux frais, 1/20.	»	0120
	»	2524
Bénéfice 1/10.	»	0252
Prix du mètre cube.	»	2776

Pour le transport, même détail qu'au n° 12.

Les trois articles précédents ne doivent être considérés que comme des prix élémentaires ; car, pour les empierrements, on réunit ordinairement dans le même sous-détail tous les éléments qui s'y rapportent, tels que l'extraction ou le ramassage, le nettoyage, le cassage, le chargement, le transport et l'emploi des matériaux, ainsi qu'on le verra dans les articles suivants.

37. **Gros cailloux de 12 à 15 centimètres, transportés à 500 mètres de distance et posés à la main en première couche dans l'encaissement de la chaussée.**

Pour un mètre cube.

	fr.
Indemnité de dépôt et de passage. . . .	» 100
Temps pour l'extraction de la carrière, 5 heures de terrassier, à 0 fr. 175 l'heure.	» 875
Temps pour charger le tombereau, 7 minutes à quatre hommes, ou 28 minutes, à 0 fr. 175 l'heure	» 082
Pour le déchargement, 3 minutes d'ouvrier, à 0 fr. 175 l'heure	» 008
Temps de l'équipage, à 2 chevaux, pendant le chargement et le déchargement, 10 minutes, à 0 fr. 90 l'heure.	» 150
Pour le transport à 500 mètres de distance, 20 minutes, à 0 fr. 90 l'heure. . .	» 300
A reporter.	1 515

fr.

Report. 1 515

Emploi des cailloux à la main, frappés et bien serrés les uns contre les autres, 1 heure 30 minutes de terrassier, à 0 fr. 175 l'heure . . . . » 263

Faux frais, 1/20. . . . , ... 0 089

1 867

Bénéfice, 1/10. . . . . » 187

Prix du mètre cube. 2 054

38. Cailloux cassés et réduits à la grosseur de 7 centimètres, transportés à 500 mètres de distance et employés à la griffe dans l'encaissement.

Indemnité de carrière, de dépôt et de passage . . . . » 100

Extraction, 5 heures de terrassier, à 0 fr. 175 l'heure . . . . » 875

Cassage des matériaux à la grosseur de 7 centimètres, 8 heures d'ouvrier, à 0 fr. 175 l'heure 1 400

Charge, décharge, temps perdu de l'équipage et transport, comme au numéro précédent . . . . » 540

Emploi des matériaux dans l'encaissement, 30 minutes de terrassier, à 0 fr. 175 l'heure . . . . » 088

A reporter 3 003

fr.

Report. 3 003

Faux frais, 1/20 . . . . » 150

3 153

Bénéfice, 1/10. . . . . » 315

Prix du mètre cube. 3 468

Dans le détail précédent nous supposons que tous les cailloux, sans exception, ont été réduits à la grosseur de 7 centimètres ; mais ce cas est rare. Le plus ordinairement une partie des matériaux a déjà la grosseur voulue, et l'autre partie seulement a besoin d'être réduite. Le temps du cassage peut donc varier depuis zéro jusqu'à celui que nous avons porté comme maximum dans le détail ci-dessus. Il doit encore varier en raison de la résistance des matériaux ; car il y en a dont les uns sont si difficiles à réduire que les ouvriers sont forcés de les abandonner, et d'autres au contraire, comme ceux de nature calcaire, que l'on casse très-aisément.

Ainsi, le temps que nous avons porté pour le cassage des matériaux doit être considéré comme maximum sous le rapport du cube des cailloux à réduire, et comme terme moyen pour celui de la difficulté du cassage.

39. Graviers de 6 centimètres de grosseur, transportés à 500 mètres de distance et emmétrés sur les accotements.

Indemnité de carrière, de dépôt et de

fr.

passage . . . . » 100

Extraction, 5 heures de terrassier, à
0 fr. 175 l'heure . . . . » 875

Nettoyage à la claie, 40 minutes de terrassier, à 0 fr. 175 l'heure . . . . » 117

Charge, décharge, temps perdu de l'é-
quipage et transport à 500 mètres de distance, comme au numéro 37. . . . . . . » 540

Emmétrage des matériaux, 40 minutes
de terrassier, à 0 fr. 175 l'heure. . . . . » 117

Faux frais, 1/20. . . . . . . » 087
                                    _____
                                    1 836

Bénéfice, 1/10. . . . . . . » 184
                                    _____
Prix du mètre cube 2 020

Dans les détails précédents nous avons supposé
que les carrières étaient moyennement abondantes
en cailloux et le terrain argileux ordinaire; mais
lorsque les carrières seront pauvres en matériaux
et le sol très-argileux et très-compact, il faudra
nécessairement augmenter le temps de l'extraction,
ainsi que celui du nettoyage à la claie.

D'un autre côté, lorsque les carrières seront en
terre légère et très-abondantes en matériaux, le
même temps devra être diminué.

Le temps du nettoyage à la claie est en raison
inverse de l'abondance des cailloux.

Lorsque les cailloux doivent être cassés, il est
inutile de les nettoyer préalablement : le cassage
suffit pour cette opération.

40. Graviers de 6 centimètres ramassés dans les champs, transportés à 500 mètres de distance et employés à la griffe dans l'encaissement.

fr.

Indemnité de carrière, de dépôt et de passage . . . . » 100

Ramassage dans les champs, 4 heures de femme, à 0 fr. 10 l'heure. . . . . » 400

Charge, décharge et transport, comme au numéro 37. . . . . » 540

Emploi à la griffe dans l'encaissement, 30 minutes de terrassier, à 0 fr. 175 l'heure . . . . » 088

Faux frais, 1/20 . . . . » 056

1 184

Bénéfice, 1/10. . . . . » 118

Prix du mètre cube. 1 302

Si la femme chargée du ramassage des matériaux est obligée de les emmétrer grossièrement dans les champs par tas d'un mètre cube au moins, ou si elle doit les porter à la corbeille à une distance plus ou moins éloignée, on tiendra compte de ce travail.

Lorsque les matériaux sont choisis et ramassés dans les déblais de la route ou du chemin, chose qui arrive assez ordinairement dans les montagnes, le temps du ramassage est de 2 à 3 heures seulement par mètre cube.

**41. Cailloux fournis par les prestataires et donnés en compte
à l'entrepreneur.**

fr.

Temps pour charger les brouettes, 30 minutes de terrassier, à 0 fr. 175 l'heure. » 088

Transport à 30 mètres de distance, 40 minutes, à 0 fr. 175 l'heure. . . . . . . » 117

Cassage des matériaux, en supposant qu'ils soient tous trop gros, 8 heures de terrassier, à 0 fr. 175 l'heure. 1 400

Emmétrage, 40 minutes idem. . . . . » 117

Emploi à la griffe dans l'encaissement, 30 minutes . . . . » 088

Faux frais, 1/20. . . . . » 090

1 900

Bénéfice, 1/10. . . . . . » 190

Prix du mètre cube. 2 090

Lorsque les travaux de terrassement ne seront pas assez avancés pour permettre de déposer sur le chemin les matériaux de prestation, il faudra nécessairement les entreposer sur les terres riveraines, et en pareil cas, on devra tenir compte à l'entrepreneur de l'indemnité qui pourrait être due pour cette opération.

CHAPITRE IV.

MAÇONNERIE.

§ I. *Chaux.*

42. Chaux grasse prise au four ou au magasin, transportée à 500 mètres de distance, et éteinte dans les bassins.

	fr.
Chaux grasse, prise au magasin, le mètre cube	15 000
Temps pour la peser ou la mesurer, charger et décharger les tombereaux, 30 minutes de compagnon maçon et de manœuvre, à 0 fr. 40 l'heure	» 200
Temps de l'équipage pendant le chargement et le déchargement, 30 minutes, à 0 fr. 90 l'heure.	» 450
Transport à 500 mètres de distance, 20 minutes, à 0 fr. 90 l'heure	» 300
Temps pour éteindre la chaux, 6 heures de compagnon et de manœuvre, à 0 fr.	
A reporter	15 950

	fr.
Report	15 950
40 l'heure	2 400
Temps pour faire les bassins, 2 heures de compagnon et de manœuvre, à 0 fr. 40 l'heure	» 800
Faux frais, 1/15 de la main-d'œuvre, (4 fr. 150).	» 277
Total.	19 427

Le foisonnement de la chaux, lorsqu'elle ne contient que du carbonate de chaux, est ordinairement de 2ᵐ 50 de chaux en pâte pour un mètre cube de chaux en pierre. Mais comme dans beaucoup de pays la plupart des chaux réputées grasses sont légèrement hydrauliques, nous ne porterons le foisonnement qu'au double du volume primitif.

Ainsi, d'après le détail précédent, le mètre cube de chaux grasse en pâte revient à 9 fr. 71, non compris le bénéfice de l'entrepreneur.

Les chaufourniers sont dans l'usage de livrer la chaux sur les points qui leur sont désignés, et comme la distance du four au chantier est souvent considérable, les entrepreneurs trouvent beaucoup plus d'avantage à faire prix la chaux rendue à pied-d'œuvre, que d'en opérer eux-mêmes le transport.

43. Chaux moyennement hydraulique, transportée à 500 mètres de distance et éteinte par immersion comme la chaux grasse.

Chaux vive, prise au magasin, un mè-

fr.

tre cube 18   »

Charge, décharge, transport, temps
pour éteindre la chaux et faire les bassins, comme au numéro précédent 4 150

Faux frais, 1/15 de la main-d'œuvre .   » 277

Total. 22 427

Si l'on suppose que cette chaux foisonne d'un tiers
de son volume en pierre, le mètre cube de chaux en
pâte revient à 16 fr. 82.

44. Chaux éminemment hydraulique, éteinte par aspersion.

Chaux vive, prise au magasin, un mè-
tre cube   20   »

Charge et transport à 500 mètres de
distance, comme au numéro 42. . . . . .   » 950

Temps pour éteindre la chaux, 4 heures de compagnon et de manœuvre, à
0 fr. 40 l'heure. 1 600

Faux frais, 1/15 de la main-d'œuvre
(2 fr. 550). . . . .   » 177

Total 22 727

Si l'on suppose que le foisonnement de cette chaux
soit de 1/15 de son volume en pierre, le mètre cube
de chaux en pâte revient à 21 fr. 31.

§ II. *Sable et ciment*.

45. Sable pris à la carrière ou dans les ravins, et transporté
à 500 mètres de distance.

	fr.	
Sable tiré de la carrière ou des ravins, un mètre cube.	»	75
Charge, décharge et le temps perdu de l'équipage à deux chevaux, comme au numéro 11.	»	24
Transport à 500 mètres de distance, 20 minutes, à 0 fr. 90 l'heure.	»	30
Faux frais, 1/15.	»	08
Prix du mètre cube	1	37

46. Ciment ordinaire rendu au chantier.

Le mètre cube.	10	»

47. Ciment fin.

Idem.	13	»

§ III. *Mortiers*.

48. Mortier de chaux grasse et sable.

Sable, un mètre cube (n° 45).	1	37
0^m 45 de chaux grasse en pâte, à 9 fr. 71 le mètre cube (n° 42).	4	37
Prix du mètre cube.	5	74

Il n'est rien ajouté pour le déchet de la chaux, ni rien retranché à cause de la légère augmentation de volume produite par l'addition de la chaux avec le sable. Ce déchet, d'une part, et cette augmentation de volume de l'autre, sont si peu sensibles que l'on ne doit pas en tenir compte dans les sous-détails.

Une expérience que nous avons encore faite tout récemment nous a démontré qu'un mélange de sable fin et de chaux grasse en proportion convenable pour faire un excellent mortier, avait produit une augmentation de 1/48 seulement. Et si l'on remarque que le sable fin est celui qui foisonne le plus par son mélange avec la chaux, on peut conclure, en pareil cas, que toute augmentation de volume doit être considérée comme nulle.

Cette augmentation n'est remarquable que lorsque la chaux est en excès avec le sable, comme cela arrive souvent pour les mortiers hydrauliques.

On ne compte aucune main-d'œuvre pour la fabrication du mortier. Cette opération est faite au fur et à mesure des besoins par les manœuvres préposés au service des compagnons.

49. **Mortier de chaux grasse et ciment ordinaire, pour hourdis, bétons et chapes de voûte.**

	fr.	
Ciment ordinaire, un mètre cube. . . .	10	»
Chaux grasse, 0ᵐ 50, à 9 fr. 71 le mètre cube	4	86
Prix du mètre cube.	14	86

50. Mortier de chaux grasse et ciment fin, pour enduits et jointoiements.

Ciment fin, un mètre cube . . . . . . 13 »

Chaux grasse, 0^m 50, à 9 fr. 71 le mètre cube 4 86

       Prix du mètre cube 17 86

51. Mortier de sable et chaux moyennement hydraulique pour hourdis, bétons et chapes de voûte.

Sable pris auprès du chantier, un mètre cube. » 75

Chaux hydraulique, 0^m 50 cubes, à 16 fr. 82 le mètre. 8 41

       Prix du mètre cube 9 16

52. Mortier de sable et chaux éminemment hydraulique.

0^m 80 de sable transporté à 500 mètres de distance, à 1 fr. 37 le mètre cube (numéro 45) 1 10

0^m 70 cubes de chaux en pâte, à 21 fr. 31 le mètre 14 92

       Prix du mètre cube. 16 02

53. Mortier de chaux moyennement hydraulique et sable, pour jointoiements.

Sable pris auprès du chantier, 0^m 80 cu-

fr.

bes, à 0 fr. 75 le mètre . . . . » 60

Chaux en pâte, 0^m 70 cubes, à 16 fr.
82 le mètre 11 77

—————————

Prix du mètre cube. . . . , . 12 37

§ IV. *Transport des matériaux.*

Les matériaux durs étant d'un poids plus considérable que celui des matériaux tendres, il est évident qu'à volume égal, le transport des premiers
demande plus de force de traction que celui des
matériaux tendres; mais cette différence, qui d'ailleurs n'est pas très-importante, peut être facilement
appréciée par celui qui est chargé de la rédaction
des analyses de prix.

54. Pierre brute chargée sur une voiture attelée de trois chevaux,
et transportée à 1,000 mètres de distance.

Pour un mètre cube.

Temps pour charger et décharger la voiture, une heure de compagnon maçon. . » 25

Deux heures de manœuvre à 0 fr. 15
l'heure . . . . » 30

Temps de l'équipage pendant le chargement et le déchargement, une heure . . . 1 20

Transport à 1,000 mètres de distan-
ce, 40 minutes, à 1 fr. 20 l'heure . . . . » 80

—————————

Le mètre cube revient à. 2 55

D'après ce détail, le transport de chaque mètre cube de pierre brute vaut 8 centimes par distance de 100 mètres, non compris faux frais et bénéfice.

Il ne s'agit ici que du transport de la pierre brute : le bardage de la pierre taillée exige beaucoup plus de soin et de sujétion pour éviter l'épaufrure des arêtes.

55. Moellons chargés dans une voiture attelée de deux chevaux, et transportés à 1,000 mètres de distance.

Pour un mètre cube.

	fr.
Temps pour charger et décharger la voiture, 20 minutes de compagnon, à 0 fr. 25 l'heure	» 083
40 minutes de manœuvre, à 0 fr. 15 l'heure	» 100
Temps de l'équipage pendant le chargement et le déchargement, 20 minutes, à 0 fr. 90 l'heure	» 300
Transport à 1,000 mètres de distance, 40 minutes, à 0 fr. 90 l'heure	» 600
Le mètre cube revient à.	1 083

D'après le détail ci-dessus, le transport d'un mètre cube de moellon vaut 6 centimes par distance de 100 mètres, non compris faux frais et bénéfice.

56. Briques chargées et transportées à 1,000 mètres de distance.

Pour un mille.

fr.

Temps pour charger et décharger la voiture, 30 minutes de compagnon, à 0 fr. 25
l'heure . . . . » 13

Une heure de manœuvre . . . . » 15

Temps perdu de l'équipage, à deux chevaux, 30 minutes, à 0 fr. 90 l'heure. . . » 45

Transport à 1,000 mètres de distance,
40 minutes, à 0 fr. 90 l'heure . . . . . . » 60

Le transport d'un mille de briques revient à. 1 33

Et chaque distance de 100 mètres en
plus revient à 6 centimes.

§ V. *Prix de la pierre, du moellon et de la brique rendus
au chantier.*

57. Grès dur, extrait de la carrière, grossièrement équarri,
et transporté à 1,000 mètres de distance.

Pour un mètre cube.

Extraction et équarrissage du grès[1] . . 25 »

Charge et transport au chantier (détail
n° 54). 2 55

Faux frais, 1/15 de la main-d'œuvre. . » 17

Prix du mètre cube. 27 72

[1] Les indemnités de carrière et de passage seront ajoutées, quand
il y en aura, pour toutes les espèces de matériaux.

Les libages étant ordinairement moins bien équarris, et pris parmi les morceaux les moins parfaits, valent environ 5 fr. de moins le mètre cube.

58. Grès tendre, extrait de la carrière, grossièrement équarri, et transporté à 1,000 mètres de distance.

Pour un mètre cube.

	fr.	
Extraction et équarissage du grès . . .	12	»
Charge et transport, comme au n° 54. .	2	55
Faux frais, 1/15 de la main-d'œuvre.	»	17
Prix du mètre cube.	14	72

Les libages en grès tendre valent environ 12 fr. le mètre cube, compris transport et faux frais.

A Paris, on distingue trois espèces de grès sous le rapport de leur dureté : le grès de roche, le grès de banc franc, et le grès tendre, qui n'est bon qu'à faire du sablon. Mais comme la dureté du grès est fort variable, nous en avons distingué de deux sortes seulement, le grès dur et le grès tendre, sans nous occuper de l'époque de leur formation.

59. Pierre dure calcaire, extraite de la carrière, grossièrement équarrie, et transportée à 1,000 mètres de distance.

Pour un mètre cube.

Extraction et équarrissage de la pierre.	16	»
A reporter.	16	»

fr.

Report. . . . . 16 »

Charge et transport à 1,000 mètres de
distance, comme au numéro 54 . . . . . . 2 55

Faux frais, 1/15 de la main-d'œuvre. » 17

Prix du mètre cube. 18 72

Les libages étant ordinairement pris parmi les
pierres les moins parfaites et les plus mal équar-
ries, valent environ 4 fr. de moins le mètre cube.

60. Pierre de banc franc, prise idem à la carrière, et transportée
à 1,000 mètres de distance.

Pour un mètre cube.

Extraction et équarrissage de la pierre. 9 »

Charge et transport, comme au n° 54. . 2 55

Faux frais, 1/15 de la main-d'œuvre. » 17

Prix du mètre cube. 11 72

61. Moellons très-durs, extraits de la carrière, et transportés
à 1,000 mètres de distance.

Pour un mètre cube.

Extraction des moellons. . . . . 3 »

Charge et transport à 1,000 mètres de
distance, comme au numéro 55. . . . . . 1 083

Faux frais, 1/15 de la main-d'œuvre. 0 072

Prix du mètre cube. 4 155

62. Moellons de banc franc, pris idem à la carrière, et transportés à 1,000 mètres de distance.

Pour un mètre cube.

	fr.	
Extraction des moellons.	2	»
Charge et transport à 1,000 mètres de distance, comme au numéro 55	1	083
Faux frais, 1/15 de la main-d'œuvre.	»	072
Prix du mètre cube.	3	155

63. Gros cailloux, galets, poudingues ou grisons, extraits de la carrière, et transportés à 1,000 mètres de distance.

Pour un mètre cube.

	fr.	
Extraction des matériaux de la carrière et choix, une journée d'ouvrier	1	750
Charge et transport à 1,000 mètres de distance, comme au numéro 55	1	083
Faux frais, 1/15 de la main-d'œuvre.	»	189
Prix du mètre cube.	3	022

64. Briques prises au magasin et transportées à 1,000 mètres de distance.

	fr.	
1,000 briques	25	»
Charge et transport à 1,000 mètres de distance, comme au numéro 56.	1	30
Faux frais, 1/15 de la main-d'œuvre.	»	09
Prix du mille de briques. . . .	26	39

§ VI. *Ouvrages en grès et en pierre.*

65. Grès dur, employé à des assises ordinaires, les parements vus, comptés séparément du grès en œuvre.

Pour un mètre cube.

	fr.	
Grès dur en œuvre, 1 mètre cube (n°57).	27	72
Déchet produit par les différentes tailles, 1/5.	5	55
Pour la taille de 4 mètres superficiels de lits, 28 heures de tailleur de pierre, à 0 fr. 275 l'heure	7	70
2 mètres de joints à deux ciselures, 28 heures de tailleur de pierre, idem	7	70
Mortier de chaux grasse et sable, 0^m 05 cubes, à 5 fr. 74 le mètre (n° 48).	»	29
Pour charger et barder les assises à une distance de 100 mètres, 3 heures de compagnon maçon, à 0 fr. 25 l'heure.	»	75
15 heures de manœuvre, à 0 fr. 15 l'heure	2	25
Pour la pose, 4 heures de poseur, à 0 fr. 30 l'heure.	1	20
8 heures de compagnon maçon et de manœuvre, à 0 fr. 40 l'heure.	3	20
Faux frais, 1/15 de la main-d'œuvre (22 fr. 80).	1	52
	57	88
Bénéfice, 1/10.	5	79
Prix du mètre cube.	63	67

66. Grès dur, employé en assises ordinaires pour murs de soutènement, ou autres semblables, à un parement compté séparément.

	fr.	
Grès en œuvre, un mètre cube (n° 57).	27	72
Déchet produit par les différentes tailles 1/6.	4	62
Pour la taille de 4 mètres superficiels de lits, 28 heures de tailleur de pierre, à 0 fr. 275 l'heure	7	70
2 mètres superficiels de joints à une ciselure, 10 heures de tailleur de pierre, à 0 fr. 275 l'heure.	2	75
Pour barder les assises à 100 mètres de distance, et les poser en place, comme au numéro précédent.	7	40
Mortier, idem.	»	29
Faux frais, 1/15 de la main-d'œuvre (17 fr. 85)	1	19
	51	67
Bénéfice, 1/10.	5	17
Prix du mètre cube	56	84

67. Grès dur idem, employé pour voussoirs, mesurés en œuvre, le parement circulaire compté séparément.

Grès en œuvre, un mètre cube (n° 57).	27	72
A reporter.	27	72

fr.

Report 27 72

Déchet produit par les différentes tailles, 1/4 . . . . 6 93

Pour la taille de 8 mètres superficiels de joints [1], 128 heures de compagnon tailleur de pierre, à 0 fr. 275 l'heure 35 20

Mortier de chaux et sable, 0ᵐ 08 cubes, à 5 fr. 74 le mètre. . . . . » 46

Pour le bardage des voussoirs, à 100 mètres de distance, comme au n° 65 . . . 3 »

Pour la pose, 6 heures de poseur, à 0 fr. 30 l'heure. 1 80

12 heures de compagnon maçon et de manœuvre, à 0 fr. 40 l'heure 4 80

Faux frais, 1/15 de la main-d'œuvre (44 fr. 80). . . . . 3 »

82 91

Bénéfice, 1/10. . . . . . 8 29

Prix du mètre cube 91 20

Il faut remarquer que le déchet de la pierre et la main-d'œuvre, pour la taille des joints, augmentent en raison inverse du rayon des courbes.

Pour les voussoirs à crossettes, le déchet et la main-d'œuvre ne sauraient être bien appréciés qu'en comptant les évidements et la taille des joints

[1] Les joints sont supposés bien faits et terminés, sinon le temps pour la main-d'œuvre devra être diminué.

séparément de la matière en œuvre, suivant laméthode que nous avons démontrée dans notre Traité complet du toisé des ouvrages de maçonnerie, auquel nous renvoyons pour cet objet.

68. Grès dur pour libages.

	fr.	
Grès en œuvre, 1 mètre cube (n° 57).	22	72
Déchet, 1/20	1	39
Pour la taille dégrossie de 4 mètres superficiels de lits, 14 heures de tailleur de pierre, à 0 fr. 275 l'heure.	3	85
2 mètres superficiels de joints dégrossis, 14 heures idem	3	85
Mortier de chaux en sable, 0^m 05 cubes, à 5 fr. 74 le mètre.	»	29
Pour charger et barder les assises à une distance moyenne de 100 mètres, les descendre et les poser dans les fondations, comme au n° 65.	7	40
Faux frais, 1/15 de la main-d'œuvre (15 fr. 10)	1	01
	40	51
Bénéfice, 1/10.	4	05
Prix du mètre cube.	44	56

Lorsque les lits et joints seront bruts, ou qu'ils n'auront été taillés que partiellement, le détail pré-

cédent sera modifié en raison du travail qui aura
été exécuté.

69. Grès dur idem pour dalles de recouvrement d'aqueduc.

	fr.	
Grès en œuvre, 1 mètre cube (n° 57).	27	72
Déchet, 1/50	»	55
Pour la taille dégrossie et partielle des lits et joints, 17 heures de tailleur de pierre, à 0 fr. 275 l'heure. . . . . ,	4	68
Mortier de chaux et sable, 0ᵐ 05 cubes, à 5 fr. 74 le mètre.	»	29
Pour le bardage de la pierre, à 100 mètres de distance, 3 heures de compagnon maçon, à 0 fr. 25 l'heure	»	75
Neuf heures de manœuvre, à 0 fr. 15 l'heure	1	35
Pour la pose, 7 heures de compagnon et de manœuvre, à 0 fr. 40 l'heure , . .	2	80
Faux frais, 1/15 de la main-d'œuvre (9 fr. 58).	»	64
	38	78
Bénéfice, 1/10.	3	88
Prix du mètre cube	42	66

70. Grès tendre, employé à des assises ordinaires, les parements vus, comptés séparément du grès en œuvre.

	fr.	
Grès en œuvre, 1 mètre cube (n° 58).	14	72
Déchet produit par les différentes tailles, 1/5	2	94
Pour la taille de 4 mètres superficiels de lits, 15 heures de tailleur de pierre, à 0 fr. 275 l'heure	4	13
2 mètres de joints à deux ciselures, 14 heures de tailleur de pierre, à 0 fr. 275 l'heure	3	85
Mortier de chaux et sable, comme au numéro précédent	»	29
Bardage et pose, comme au n° 65 . . .	7	40
Faux frais, 1/15 de la main-d'œuvre (15 fr. 38.).	1	02
	34	35
Bénéfice, 1/10.	3	44
Prix du mètre cube	37	79

71. Grès tendre, employé en assises ordinaires pour murs de soutènement ou autres semblables, à un parement vu, compté séparément.

Grès en œuvre, 1 mètre cube (n° 58). .	14	72
Déchet produit par les différentes tailles, 1/6	2	45
A reporter.	17	17

fr.

Report 17 17

Pour la taille de 4 mètres superficiels de lits, 15 heures de tailleur de pierre, à 0 fr. 275 l'heure 4 13

2 mètres superficiels de joints à une ciselure, 6 heures de tailleur de pierre, à 0 fr. 275 l'heure 1 65

Mortier de chaux et sable, 0^m 05 cubes, à 5 fr. 74 le mètre. . . . .   » 29

Bardage et pose, comme au n° 65 . . .   7 40

Faux frais, 1/15 de la main-d'œuvre, (13 fr. 18) . . . .   » 88

31 52

Bénéfice 1/10. . . . .   3 15

Prix du mètre cube. 34 67

72. Grès tendre, employé pour voussoirs mesurés en œuvre; le parement circulaire compté séparément.

Grès en œuvre, 1 mètre cube (n° 58) .   14 72

Déchet produit par les différentes tailles, 1/4. . . . .   3 68

Pour la taille de 8 mètres de joints, 64 heures de tailleur de pierre, à 0 fr. 275 l'heure 17 60

Mortier de chaux et sable, 0^m 08 cubes, à 5 fr. 74 le mètre . . . .   » 46

A reporter 36 46

	fr.
Report.	36 46
Bardage et pose, comme au n° 67. . . .	9 60
Faux frais, 1/15 de la main-d'œuvre (27 fr. 20).	1 81
	47 87
Bénéfice, 1/10.	4 79
Prix du mètre cube	52 66

73. Grès tendre, employé pour libages.

Grès en œuvre, un mètre cube (n° 58).	12 »
Déchet, 1/20	« 60
Pour la taille dégrossie de 4 mètres superficiels de lits, 7 heures de tailleur de pierre, à 0 fr. 275 l'heure	1 92
Pour 2 mètres superficiels de joints dégrossis, 7 heures de tailleur de pierre, à 0 fr. 275 l'heure.	1 92
Mortier de chaux et sable, 0^m 05 cubes, à 5 fr. 74 le mètre.	» 29
Pour barder les libages à 100 mètres de distance moyenne, et les poser en place, comme au n° 65.	7 40
Faux frais, 1/15 de la main-d'œuvre (11 fr. 24)	» 75
	24 88
Bénéfice, 1/10.	2 49
Prix du mètre cube.	27 37

74. Grès tendre, employé pour dalles de recouvrement d'aqueducs.

	fr.
Grès en œuvre, un mètre cube (n° 58).	14 72
Déchet, 1/50	» 29
Pour la taille dégrossie et partielle des lits et joints, 4 heures de tailleur de pierre, à 0 fr. 275 l'heure.	1 10
Mortier de chaux et sable, 0ᵐ 05 cubes, à 5 fr. 74 le mètre.	» 29
Pour le bardage de la pierre à 100 mètres de distance, 3 heures de compagnon maçon, à 0 fr. 25 l'heure.	» 75
9 heures de manœuvre, à 0 fr. 15 l'heure.	1 35
Pour la pose, 7 heures de compagnon et de manœuvre, à 0 fr. 40 l'heure. . . .	2 80
Faux frais, 1/15 de la main-d'œuvre (6 fr. 0).	» 40
	21 70
Bénéfice, 1/10.	2 17
Prix du mètre cube.	23 87

On suppose ici que le grès tendre a au moins le degré de dureté de la pierre de banc franc, car s'il était plus tendre, il ne serait pas propre à recouvrir des aqueducs qui doivent être soumis à la pression du roulage.

75. Pierre dure calcaire, employée à des assises ordinaires de 0^m 40 de hauteur d'appareil, à deux parements vus, comptés séparément du cube de la pierre.

		fr.	
Pierre en œuvre, 1 mètre cube (n° 59).		18	72
Déchet produit par les différentes tailles, 1/5		3	74
Pour la taille de 4^m 50 superficiels de lits terminés, 15 heures de tailleur de pierre, à 0 fr. 275 l'heure.		4	13
Pour 2 mètres superficiels de joints, à deux ciselures, 12 heures de tailleur de pierre, à 0 fr. 275 l'heure.		3	30
Mortier de chaux et sable, 0^m 05 cubes, à 5 fr. 74 le mètre.		»	29
Pour charger et barder la pierre à une distance moyenne de 100 mètres, 3 heures de compagnon maçon, à 0 fr. 25 l'heure.		»	75
15 heures de bardeur, à 0 fr. 15 l'heure.		2	25
Pour la pose, 4 heures de poseur, à 0 fr. 30 l'heure.		1	20
8 heures de compagnon et de manœuvre, à 0 fr. 40 l'heure		3	20
Faux frais, 1/15 de la main-d'œuvre (14 fr. 83).		»	99
		38	57
Bénéfice, 1/10.		3	86
Prix du mètre cube.		42	43

76. Pierre dure idem, employée en assises ordinaires pour murs de soutènement ou autres ouvrages semblables, à un parement compté séparément.

fr.

Pierre en œuvre, un mètre cube (n° 59).	18 72
Déchet, 1/6.	3 13
Pour la taille de 4^m 50 superficiels de lits, 15 heures de tailleur de pierre, à 0 fr. 275 l'heure	4 13
Pour 2 mètres superficiels de joints, à une ciselure, 6 heures de tailleur de pierre, à 0 fr. 275 l'heure.	1 65
Mortier de chaux et sable, 0^m 05 cubes, à 5 fr. 74 le mètre.	» 29
Bardage et pose, comme au numéro précédent.	7 40
Faux frais, 1/15 de la main-d'œuvre (13 fr. 18).	» 88
	36 20
Bénéfice , 1/10.	3 63
Prix du mètre cube.	39 83

77. Pierre dure idem, employée pour voussoirs mesurés en œuvre ; le parement circulaire compté séparément.

Pierre en œuvre, un mètre cube (n° 59).	18 72
A reporter.	18 72

	fr.	
Report.	18	72

Déchet produit par les différentes tailles, 1/4 . . . . 4 68

Pour la taille de 8 mètres superficiels de joints, 54 heures de tailleur de pierre, à 0 fr. 275 l'heure 14 85

Mortier de chaux et sable, 0ᵐ 08 cubes, à 5 fr. 74 le mètre . . . . » 46

Pour charger et barder les voussoirs, 3 heures de compagnon maçon, à 0 fr. 25 l'heure . . . . » 75

15 heures de manœuvre, à 0 fr. 15 l'heure 2 25

Pour la pose, 6 heures de poseur, à 0 fr. 30 l'heure. 1 80

12 heures de compagnon maçon et de manœuvre, à 0 fr. 40 l'heure. 4 80

Faux frais, 1/15 de la main-d'œuvre (24 fr. 45). 1 63

_____

49 94

Bénéfice, 1/10. . . . . 4 99

_____

Prix du mètre cube. 54 93

Pour les voussoirs à crossettes, le déchet doit être augmenté en raison de l'importance des évidements. Mais pour opérer avec plus d'exactitude, ces voussoirs doivent être mesurés par équarrissage, c'est-à-dire suivant le prisme circonscrit à leur forme en œuvre, et l'on doit porter ensuite, dans le sous-détail, le même déchet que pour les assises courantes ordinaires.

78. Pierre dure idem, employée pour libages.

fr.

Pierre en œuvre, un mètre cube (n° 59).	18 72
Déchet, 1/20	» 93
Pour la taille dégrossie de 4ᵐ 50 superficiels de lits, 7 heures de tailleur de pierre, à 0 fr. 275 l'heure.	1 93
Pour 2 mètres superficiels de joints dégrossis, 6 heures de tailleur de pierre, à 0 fr. 275 l'heure.	1 65
Mortier de chaux et sable, 0ᵐ 05 cubes, à 5 fr. 74 le mètre.	» 29
Bardage et pose, comme au n° 65 . . .	7 40
Faux frais, 1/15 de la main-d'œuvre (10 fr. 98).	» 73
	31 65
Bénéfice 1/10.	3 17
Prix du mètre cube.	34 82

Lorsqu'il y a plusieurs bancs de pierre dans la même carrière, les libages sont ordinairement pris, comme pour le grès, dans le banc le plus inférieur en qualité.

79. Pierre dure employée pour dalles de recouvrement des aqueducs.

	fr.	
Pierre en œuvre, un mètre cube (n° 59).	18	72
Déchet, 1/50	»	37
Pour la taille dégrossie et partielle des lits et joints, 7 heures de tailleur de pierre, à 0 fr. 275 l'heure.	1	90
Mortier de chaux et sable, 0ᵐ 05 cubes, à 5 fr. 74 le mètre	»	29
Pour le bardage de la pierre à 100 mètres de distance, 3 heures de compagnon maçon, à 0 fr. 25 l'heure.	»	75
9 heures de manœuvre, à 0 fr. 15 l'heure.	1	35
Pour la pose, 7 heures de compagnon maçon et de manœuvre, à 0 fr. 40 l'heure.	2	80
Faux frais, 1/15 de la main-d'œuvre (6 fr. 80)	»	45
	26	63
Bénéfice, 1/10.	2	66
Prix du mètre cube.	29	29

80. Pierre de banc franc, un peu tendre, employée à des assises ordinaires, à deux parements vus, comptés séparément de la pierre en œuvre.

Pierre en œuvre, un mètre cube (n° 60).	11	72
A reporter.	11	72

fr.

Report. 11 72

Déchet produit par les différentes tailles,
1/5 . . . . 2 34

Pour la taille de 4^m 50 superficiels de
lits terminés, 10 heures de tailleur de
pierre, à 0 fr. 275 l'heure. 2 75

Pour 2 mètres superficiels de joints à
deux ciselures, 8 heures de tailleur de
pierre, à 0 fr. 275 l'heure. 2 20

Mortier de chaux et sable, 0^m 05 cubes,
à 5 fr. 74 le mètre . . . . » 29

Pour le bardage et la pose de la pierre,
comme au n° 75. . . . . 7 40

Faux frais, 1/15 de la main-d'œuvre
(12 fr. 35). . . . . » 82

_____

27 52

Bénéfice, 1/10. . . . . 2 75

_____

Prix du mètre cube. 30 27

81. Pierre de banc franc, employée à des murs de soutènement ou
de revêtement, à un parement vu, compté séparément de la pierre
en œuvre.

Pierre en œuvre, un mètre cube (n° 60). 11 72
Déchet, 1/6. . . . . 1 95
Pour la taille de 4^m 50 superficiels de
lits terminés, 10 heures de tailleur de

_____

A reporter. 13 67

	fr.	
Report.	13	67
pierre, à 0 fr. 275 l'heure.	2	75
Pour 2 mètres superficiels de joints à une ciselure., 4 heures idem, à 0 fr. 275 l'heure	1	10
Mortier de chaux et sable, 0^m 05 cubes, à 5 fr. 74 le mètre.	»	29
Bardage et pose, comme au n° 75 . . .	7	40
Faux frais, 1/15 de la main-d'œuvre (11 fr. 25)	»	75
	25	96
Bénéfice , 1/10.	2	60
Prix du mètre cube.	28	56

82. Pierre de banc franc, pour voussoirs, mesurés en œuvre ; le parement circulaire compté séparément de la pierre.

Pierre en œuvre, un mètre cube (n° 60).	11	72
Déchet produit par les différentes tailles, 1/4	2	93
Pour la taille de 8 mètres superficiels de joints, 36 heures de tailleur de pierre, à 0 fr. 275 l'heure.	9	90
Mortier de chaux et sable, 0^m 08 cubes, à 5 fr. 74 le mètre	»	46
Pour charger et barder les voussoirs à 100 mètres de distance, 3 heures de compagnon maçon, à 0 fr. 25 l'heure.	»	75
A reporter.	25	76

fr.

Report. 25 76

15 heures de manœuvre, à 0 fr. 15
l'heure . . . . :   2 25

Pour la pose, 6 heures de poseur, à
0 fr. 30 l'heure 1 80

12 heures de compagnon maçon et de
manœuvre, à 0 fr. 40 l'heure 4 80

Faux frais, 1/15 de la main-d'œuvre
(19 fr. 50) 1 30

                   35 91

Bénéfice, 1/10. . . . . .   3 59

Prix du mètre cube. 39 50

83. Pierre de banc franc pour dalles de recouvrement des aqueducs.

Pierre en œuvre, un mètre cube (n° 60).   11 72

Déchet, 1/50 . . . .   » 23

Pour la taille partielle dégrossie des lits
et joints, 5 heures de tailleur de pierre, à
0 fr. 275 l'heure 1 38

Mortier de chaux et sable, 0m 05 cubes,
à 5 fr. 74 le mètre. . . . .   » 29

Bardage et pose, comme au n° 79 . . .   4 90

Faux frais, 1/15 de la main-d'œuvre
(6 fr. 28) . . . .   » 42

                   18 94

Bénéfice , 1/10. . . . . . .   1 89

Prix du mètre cube. 20 83

Pour que cette sorte de pierre puisse être employée sans danger au recouvrement des aqueducs, il est nécessaire que les dalles soient recouvertes d'un remblai de 50 centimètres de hauteur au moins; sinon il y aurait à craindre qu'elles ne pussent résister à la pression du gros roulage.

§ VII. *Évidements et refouillements.*

Les évidements et refouillements sont de deux sortes principales : 1° ceux qui comprennent le prix de la main-d'œuvre et de la matière jetée bas, et qu'on appelle *évidement et refouillement avec perte et déchet;* 2° et ceux qui ne comprennent que le prix de la main-d'œuvre seulement, et que l'on nomme *évidement et refouillement simple.* Dans l'un et l'autre cas, il s'agit d'une dépense réelle et souvent très-importante, dont on doit tenir compte dans les analyses de prix.

84. Évidement en grès dur, fait sur le chantier, avec perte et déchet.

	fr.
Grès jeté bas, un mètre cube (n° 57). .	27 72
Déchet produit par les tailles préparatoires de lits, joints et parements, faites au droit de l'évidement, 1/5.	5 54
Temps pour faire l'évidement, compris celui des tailles perdues au droit du grès	
A reporter.	33 26

	fr.	
Report.	33	26
jeté bas, 20 jours de tailleur de pierre, à 2 fr. 75	55	»
Faux frais, 1/15 de la main-d'œuvre. .	3	67
	91	93
Bénéfice, 1/10.	9	19
Prix du mètre cube.	101	12

85. Évidement en grès tendre, fait sur le chantier, avec perte et déchet.

	fr.	
Grès jeté bas, un mètre cube (n° 58). . .	14	72
Déchet produit par les tailles préparatoires de lits, joints et parements, faites au droit de l'évidement, 1/5.	2	95
Temps pour faire l'évidement, compris celui des tailles perdues au droit du grès jeté bas, 10 jours de tailleur de pierre, à 2 fr. 75.	27	50
Faux frais, 1/15 de la main-d'œuvre. .	1	83
	47	»
Bénéfice, 1/10.	4	70
Prix du mètre cube.	51	70

86. Évidement en pierre dure calcaire, fait sur le chantier, avec perte et déchet.

Pierre dure jetée bas, un mètre cube

fr.

(n° 59) 18 72

Déchet produit par les tailles préparatoires de lits, joints et parements, faites au
droit de l'évidement, 1/5. . . . . 3 74

Temps pour faire l'évidement, compris
celui des tailles perdues au droit de la
pierre jetée bas, 9 jours de tailleur de
pierre, à 2 fr. 75 . . . . 24 75

Faux frais, 1/15 de la main-d'œuvre. . 1 65

———————

48 86

Bénéfice, 1/10. . . . . 4 89

———————

Prix du mètre cube. 53 75

87. Évidement en pierre de banc franc, fait sur le chantier, avec perte et déchet.

Pierre jetée bas, un mètre cube (n° 60). 11 72

Déchet produit par les différentes tailles,
1/5 . . . . 2 34

Temps pour faire l'évidement, compris
celui des tailles perdues au droit de la
pierre jetée bas, 6 jours de tailleur de
pierre, à 2 fr. 75. . . . . 16 50

Faux frais, 1/15 de la main-d'œuvre. . 1 10

———————

31 66

Bénéfice, 1/10. . . . . 3 17

———————

Prix du mètre cube. 34 83

88. Évidement simple en grès dur, fait sur le chantier, et dont les tailles préparatoires n'ont pas été comptées séparément de ces évidements.

fr.

Temps employé à faire l'évidement, compris celui des tailles préparatoires, 20 jours de tailleur de pierre, à 2 fr. 75. . .   55 »

Faux frais, 1/15. . . . .   3 67

                    58 67

Bénéfice, 1/10. . . . .   5 86

Prix du mètre cube. 64 53

89. Évidement simple idem en grès tendre.

Temps pour l'évidement, 10 jours de tailleur de pierre, à 2 fr. 75. . . . . . . ,   27 50

Faux frais, 1/15. . . . . . .   1 83

                    29 33

Bénéfice, 1/10. . . . .   2 93

Prix du mètre cube 32 26

90. Évidement simple en pierre dure, fait sur le chantier, et dont les tailles préparatoires n'ont pas été comptées séparément de ces évidements.

Temps employé à faire l'évidement, compris celui des tailles préparatoires, 9

fr.

jours de compagnon tailleur de pierre, à
2 fr. 75 . . . . 24 75
             Faux-frais, 1/15. . . . . .   1 65
                                    26 40
         Bénéfice, 1/10 . . . .   2 64

Prix du mètre cube. 29 04

91. Évidement simple en pierre de banc franc, fait sur le chantier,
et dont les tailles préparatoires n'ont pas été mesurées séparément
de ces évidements.

Temps, 6 jours de tailleur de pierre, à
2 fr. 75 . . . . 16 50
             Faux frais, 1/15. . . . . . .   1 10
                                    17 60
         Bénéfice, 1/10. . . . .   1 76

Prix du mètre cube. 19 36

Les évidements simples, faits sur le tas, soit en
grès, soit en pierre, valent environ 1/10 de plus
que les précédents.

92. Refouillement avec perte et déchet, en grès dur, fait sur le chantier entre quatre côtés conservés, et dont les tailles préparatoires
n'ont pas été comptées séparément du grès jeté bas.

Grès refouillé, un mètre cube 27 72

            A reporter 27 72

	fr.	
Report.	27	72
Déchet, 1/5.	5	54
Temps pour faire le refouillement, compris celui des tailles de lits, 30 jours de tailleur de pierre, à 2 fr. 75	82	50
Faux frais, 1/15 de la main-d'œuvre. .	5	50
	121	26
Bénéfice, 1/10.	12	13
Prix du mètre cube.	133	39

93. Refouillement.idem en grès tendre avec perte et déchet.

Grès refouillé, un mètre cube	14	72
Déchet, 1/5.	2	94
Temps pour faire le refouillement, compris celui des tailles perdues, 15 jours de tailleur de pierre, à 2 fr. 75	41	25
Faux frais, 1/15 de la main-d'œuvre. .	2	75
	61	66
Bénéfice, 1/10.	6	17
Prix du mètre cube. . , ...	67	83

94. Refouillement idem en pierre dure calcaire, avec perte et déchet.

Pierre dure refouillée, un mètre cube. .	18	72
A reporter	18	72

	fr.
Report.	18 72
Déchet, 1/5.	3 74

Temps pour faire le refouillement, compris celui des tailles perdues, 13 jours 1/2 de tailleur de pierre, à 2 fr. 75. . . . . .   37 13

Faux frais, 1/15 de la main-d'œuvre. .   2 47

	62 06
Bénéfice, 1/10.	6 21

Prix du mètre cube.	68 27

95. Refouillement en pierre de banc franc, avec perte et déchet.

Pierre refouillée, un mètre cube. . . .	11 72
Déchet, 1/5	2 34

Temps pour faire le refouillement, 9 jours de tailleur de pierre, à 2 fr. 75. . .   24 75

Faux frais, 1/15 de la main-d'œuvre. .   1 65

	40 46
Bénéfice, 1/10.	4 05

Prix du mètre cube.	44 51

96. Refouillement simple en grès dur, fait sur le chantier, en quatre côtés conservés.

Temps pour faire le refouillement, compris celui des tailles préparatoires, 30 jours

fr.

de compagnon tailleur de pierre, à 2 fr. 75. 82 50

Faux frais, 1/15. . . . . 5 50

88 »

Bénéfice, 1/10. . . . . 8 80

Prix du mètre cube. 96 80

97. Refouillement simple idem, en grès tendre, fait sur le chantier.

Temps, 15 jours de tailleur de pierre,
à 2 fr. 75. . . . . 41 25

Faux frais, 1/15. . . . . 2 75

44 »

Bénéfice, 1/10. . . . . 4 40

Prix du mètre cube. 48 40

98. Refouillement simple en pierre dure calcaire, fait sur le chantier.

Temps pour faire le refouillement, 13
jours 1/2 de tailleur de pierre, à 2 fr. 75. 37 13

Faux frais, 1/15. . . . . 2 47

39 60

Bénéfice, 1/10. . . . . . . 3 96

Prix du mètre cube. 43 56

99. Refouillement simple en pierre de banc franc, fait sur le chantier.

fr.

Temps pour faire le refouillement, 9
jours de tailleur de pierre, à 2 fr. 75. . . 24 75
  Faux frais, 1/15. . . . . 1 65
_____
26 40
Bénéfice, 1/10. . . . . 2 64
_____
Prix du mètre cube. 29 04

Les refouillements pour percement, dont l'ouverture est plus étroite que la profondeur, valent environ un cinquième de plus que les précédents.

Les refouillements simples sur le tas valent un sixième de plus que ceux sur le chantier.

Ceux en très-petite partie faits à la masse et au poinçon pour trous, entailles et petites incrustations, valent un quart de plus que les refouillements ordinaires sur le tas.

§ VIII. *Taille de parement en grès et en pierre, et ragrément sur le tas.*

100. Taille de parement en grès dur, piquée à la boucharde fine, avec ciselure au pourtour des arêtes; les ragréments sur le tas étant comptés séparément.

Temps, 21 heures de tailleur de pierre,

fr.

à 0 fr. 275 l'heure 5 78

Faux frais, 1/15 . . . . 0 38

6 16

Bénéfice, 1/10. . . . . 0 62

Prix du mètre superficiel. 6 78

Les parements en grès dur, à simple courbure, valent, terme moyen, un quart de plus que ceux sur plan droit.

101. Taille de parement idem en grès tendre, layé comme la pierre calcaire.

Temps, 14 heures de tailleur de pierre, à 0 fr. 275 l'heure 3 85

Faux frais, 1/15 . . . . » 26

4 11

Bénéfice, 1/10 . . . . » 41

Prix du mètre superficiel. 4 52

102. Taille de parement layé ou terminé, en pierre dure calcaire, les ragréments sur le tas étant comptés séparément.

Temps, 12 heures de tailleur de pierre, à 0 fr. 275 l'heure 3 30

A reporter 3 30

fr.

Report. 3 30

Faux frais, 1/15 . . . . » 22

_____

3 52

Bénéfice, 1/10 . . . . » 35

_____

Prix du mètre superficiel. 3 87

103. Taille de parement idem en pierre de banc franc.

Temps, 8 heures de tailleur de pierre, à
0 fr. 275 l'heure 2 20

Faux frais, 1/15. . . . . » 15

_____

2 35

Bénéfice, 1/10 . . . . » 24

_____

Prix du mètre superficiel. . . . . . ⸱ 2 59

Les parements faits par suite d'évidements sur le chantier, comptés en cube, valent moitié des parements ordinaires; et ceux faits d'après des refouillements en valent les 3/4.

Les parements rustiqués à la boucharde, avec ciselure sur les arêtes, valent les 2/3 des parements layés ou terminés.

Les tailles à simple courbure en grès tendre ou en pierre calcaire, faites en grande partie, valent 1/3 de plus que celles sur plan droit, ou 1 1/3.

Idem pour bornes ou tambours de colonnes et autres ouvrages de petit rayon, 1/2 de plus, ou 1 1/2.

Celles à double courbure convexe ou en calotte, pour extrados de voûte, 3/4 de plus, ou 1 3/4.

Idem à double courbure concave, le double de celles sur plan droit, 2.

Les mêmes tailles, faites d'après des évidements comptés en cube, valent 1/2 taille de moins que les évaluations précédentes.

La taille des moulures en pierre se réduit en taille de parement layé. Nous avons donné, dans notre ouvrage du *Toisé des ouvrages de maçonnerie*, les moyens les plus précis pour estimer cette sorte d'ouvrage.

104. Ragrément sur le tas, en grès dur, et jointoiement en mortier de chaux et sable.

	fr.
Temps, 3 heures 30 minutes de tailleur de pierre, à 0 fr. 275 l'heure.	» 96
Pour les jointoiements, 0ᵐ 005 de mortier, à 5 fr. 74 le mètre cube.	» 03
Faux frais, 1/15 de la main-d'œuvre . .	» 06
	1 05
Bénéfice, 1/10.	» 11
Prix du mètre superficiel.	1 16

105. Ragrément idem en grès tendre.

Temps, 2 heures 20 minutes de tailleur

fr.

de pierre, à 0 fr. 275 l'heure . . . . » 64

Mortier, comme au numéro précédent. . . » 03

Faux frais, 1/15 de la main-d'œuvre. . . » 04

_____

» 71

Bénéfice, 1/10. . . . . » 07

_____

Prix du mètre superficiel. . . . . » 78

106. Ragrément sur le tas, en pierre dure calcaire, et jointoiement
en mortier de chaux et sable.

Temps, 2 heures de tailleur de pierre, à
0 fr. 275 l'heure . . . . » 55

Mortier pour les jointoiements, comme au
n° 104 . . . . » 03

Faux frais, 1/15 de la main-d'œuvre. . . » 04

_____

» 62

Bénéfice, 1/10. . . . . » 06

_____

Prix du mètre superficiel. . . . . » 68

107. Ragrément idem en pierre de banc franc, et jointoiement
en mortier de chaux et sable.

Temps, une heure 20 minutes, à 0 fr.
275 l'heure. . . . . » 37

Mortier pour les jointoiements, comme au

_____

A reporter. . . . . . . » 37

fr.

Report. . . . . » 37

nº 104 . . . . » 03

Faux frais, 1/15 de la main-d'œuvre. . . » 02

_____

» 42

Bénéfice, 1/10. . . . . . . » 04

_____

Prix du mètre superficiel. . . . . . » 46

Pour ne pas multiplier inutilement les détails, on peut réunir dans le même article les parements layés et les ragréments faits sur le tas.

Les quatre derniers détails s'appliquent aux ragréments en ouvrage neuf faits sur le tas; mais pour réparation ou réfection d'anciens ravalements, les prix sont nécessairement beaucoup plus considérables, suivant l'épaisseur de la pierre recoupée, et l'importance des échafauds faits exprès.

Les ragréments, sous le rapport de la forme des ouvrages, sont comptés ainsi qu'il suit :

Ragrément sur plan droit.   *l'unité.*

—   à simple courbure. 1 1/2

—   à double courbure. 2

§ IX. *Ouvrages en moellon.*

108. Massif en moellon très-dur, hourdé en mortier de chaux grasse et sable, construit par arrases et le moellon ébousiné.

Moellon rendu au chantier, un mètre cube

fr.

(n° 61). 4 16

Mortier de chaux grasse et sable, 0^m 30
cubes, à 5 fr. 74 le mètre. 1 72

Façon, 5 heures de compagnon et de manœuvre, à 0 fr. 40 l'heure . . . .   2 »

Faux frais, 1/15 de la main-d'œuvre . .   » 13

————————

8 01

Bénéfice, 1/10 . . . .   » 80

————————

Prix du mètre cube. 8 81

**109. Mur en moellon idem en fondation, ou élevé à trois mètres,
à un parement hourdé en mortier de chaux grasse et sable.**

Moellon , un mètre cube (n° 61) 4 16

Déchet, 1/20. . . . .   » 21

Mortier de chaux et sable, comme au numéro précédent. 1 72

Façon, 5 heures 15 minutes de compa-
gnon et de manœuvre, à 0 fr. 40 l'heure. .   2 10

Faux frais, 1/15 de la main-d'œuvre . .   » 14

————————

8 33

Bénéfice, 1/10 . . . .   » 83

————————

Prix du mètre cube 9 16

Nous supposons ici que le moellon est vendu et
livré à l'entrepreneur sans *bonne mesure;* mais le
plus ordinairement il est emmétré de manière à

produire 1/20, 1/10 et même 1/6 de plus que son volume réel, en faveur de l'acheteur. Ainsi, dans les pays où cet usage est admis, le déchet du moellon se trouve souvent plus que compensé par cette bonne mesure dont il vient d'être parlé, surtout pour les ouvrages ordinaires.

110. Mur en moellon idem en fondation, ou élevé à trois mètres, à deux parements, hourdé en mortier de chaux grasse et sable.

	fr.	
Moellon, un mètre cube (n° 61)	4	16
Déchet, 1/10.	»	42
Mortier, comme au n° 108	1	72
Façon, 5 heures 30 minutes de compagnon et de manœuvre, à 0 fr. 40 l'heure. .	2	20
Faux frais, 1/15 de la main-d'œuvre . .	»	15
	8	65
Bénéfice, 1/10.	»	87
Prix du mètre cube	9	52

111. Mur en moellon de banc franc, à un parement, hourdé en mortier de chaux et sable.

	fr.	
Moellon, un mètre cube (n° 62). . . .	3	16
Déchet, 1/20	»	16
Mortier, comme au n° 108.	1	72
Façon, comme au n° 109.	2	10
A reporter	7	14

fr.

Report. 7 14

Faux frais, 1/15 de la main-d'œuvre. . » 14

7 28

Bénéfice , 1/10. . . . . » 73

Prix du mètre cube. . . , ... 8 01

112. Mur idem en moellons choisis, à pied-d'œuvre, dans les déblais, hourdé en mortier de chaux et sable, à un parement.

Moellons choisis dans les déblais, un mètre cube . . . . » 50

Mortier de chaux grasse et sable, comme au n° 108. . . . . 1 72

Façon, 5 heures 15 minutes de compagnon et de manœuvre, à 0 fr. 40 l'heure. 2 10

Faux frais, 1/15 de la main-d'œuvre (2 fr. 60) . . . . » 17

4 49

Bénéfice, 1/10. . . . . . . 0 45

Prix du mètre cube. . . , . . . 4 94

On suppose ici que le moellon puisse être pris à pied-d'œuvre, c'est-à-dire dans un rayon de 15 mètres au plus; mais lorsque cette distance sera plus considérable, il faudra tenir compte du surplus, car dans ce dernier cas chaque manœuvre ne suffirait plus pour le service de son compagnon.

113. Murs et pérés en moellon, non hourdés ou à pierres sèches, un parement.

Moellons choisis dans les déblais, un
mètre cube . . . . » 50
Façon, 4 heures de compagnon et de
manœuvre, à 0 fr. 40 l'heure 1 60
Faux frais, 1/15. . . . . 0 14
　　　　　　　　　　　　　　　　　　　　2 24
　　　　　　Bénéfice, 1/10. . . . . » 22
　　　　　　Prix du mètre cube. 2 46

Lorsque les murs de soutènement, ou les pérés
à pierres sèches, ont quelque importance, et que
les matériaux sont à pied-d'œuvre, ou à peu près,
le service peut se faire à raison d'un manœuvre
pour deux compagnons, ou tout au plus par deux
manœuvres pour trois compagnons. Au surplus, le
nombre des manœuvres doit en ce cas être réglé en
raison seulement de la difficulté et de la distance
pour l'approche des moellons, puisque pour cette
sorte d'ouvrage il ne peut y avoir de mortier à faire
ni à transporter.

114. Voûte de pont, en moellon dur de banc franc, hourdée en mortier de chaux grasse et sable.

Moellon rendu à pied-d'œuvre (n° 62). 3 16
　　　　　　　A reporter. 3 16

fr.

Report.	3 16
Déchet, 1/10	» 32
Mortier de chaux grasse et sable, 0^m 33 cubes, à 5 fr. 74 le mètre	1 89
Façon, 8 heures de compagnon et de manœuvre, à 0 fr. 40 l'heure	3 20
Faux frais, 1/15 de la main-d'œuvre. .	0 21
	8 78
Bénéfice, 1/10.	» 88
Prix du mètre cube	9 66

Il ne faut pas perdre de vue qu'il ne s'agit dans le sous-détail précédent que de la construction de la couronne de la voûte; mais si, pour abréger les opérations, on comprend dans le même article les culées, la voûte et le remplissage des reins du même pont, le temps pour la main-d'œuvre doit être proportionné aux volumes respectifs de ces différents ouvrages, et compté comme à l'article 116.

115. Voûte en moellons pris à pied-d'œuvre dans les déblais, hourdée en mortier de chaux et sable.

Moellons choisis dans les déblais, un mètre cube.	» 50
Mortier et façon, comme au n° 114 . .	5 09
Faux frais, 1/15 de la main-d'œuvre	
A reporter	5 59

fr.

Report. 5 59

(3 fr. 70) . . . . » 25

_____

5 84

Bénéfice, 1/10. . . . . 0 58

_____

Prix du mètre cube. 6 42

116. Culées de pont, voûte, reins de voûte et murs d'avenue en moellon dur de banc franc, hourdés en mortier de chaux et sable.

Moellon, un mètre cube (n° 62). . . . 3 16

Déchet, terme moyen, 1/15. . . . . . » 21

Mortier de chaux grasse et sable, 0ᵐ 31, à 5 fr. 74 le mètre cube. 1 78

Façon, 5 heures 30 minutes de compa-gnon et de manœuvre, à 0 fr. 40 l'heure. 2 20

Faux frais, 1/15 de la main-d'œuvre. . » 15

_____

7 50

Bénéfice, 1/10. . . . . » 75

_____

Prix du mètre cube. 8 25

Dans les sous-détails relatifs aux ouvrages de ma-çonnerie, nous avons supposé l'emploi de matériaux dont la forme et le volume tenaient le juste milieu entre les moellons les plus avantageux pour con-struire, et ceux de forme irrégulière et biscornue qui exigeraient un équarrissage grossier assez im-portant avant de pouvoir être employés.

Nous avons supposé aussi que les murs et voûte

étaient d'une épaisseur moyenne de 45 à 75 centimètres. Le temps pour la main-d'œuvre et le déchet
du moellon devront donc subir quelques légères mo-
difications toutes les fois que ces ouvrages ne seront
plus dans les même conditions.

Ainsi, lorsque les moellons auront leurs lits naturellement droits et parallèles, et qu'ils présenteront, par conséquent, la forme la plus avantageuse
pour la construction des ouvrages de maçonnerie,
le déchet sera à peu près nul et la main-d'œuvre
moins considérable.

Les mêmes avantages se présenteront à l'égard
des culées de pont, murs de soutènement et autres
ouvrages semblables dont la forte épaisseur doit les
faire ranger, quant à la main-d'œuvre, dans la
classe des massifs.

Si au contraire les moellons sont biscornus et de
très-petit volume, ou s'il s'agit de ponceaux et aqueducs de très-petite dimension, le déchet, la façon et
même le hourdis devront être un peu augmentés ;
mais comme dans les projets de route ou de chemin
de quelque importance il se trouve presque toujours des travaux d'art de dimensions très-différentes, on établit les sous-détails par nature d'ouvrage
seulement, et d'après des conditions moyennes.

§ X. *Ouvrages en cailloux, galets, meulière et poudingues,*
ou grisons.

117. Massif hourdé en mortier de chaux grasse et sable.

Cailloux rendus à pied-d'œuvre, un

fr.

métre cube (n° 63) 3 02

Mortier, 0ᵐ 35 cubes, à 5 fr. 74 le mètre. 2 01

Façon, 5 heures de compagnon et de
manœuvre, à 0 fr. 40 l'heure . . . . . . 2 »

Faux frais, 1/15 de la main-d'œuvre. . 0 13

                                            7 16

Bénéfice , 1/10. . . . . . . 0 72

Prix du mètre cube. 7 88

118. Mur en cailloux en fondation, ou élevé à trois mètres, à un parement, hourdé en mortier de chaux grasse et sable.

Cailloux et mortier, comme au numéro
précédent 5 03

Façon, compris l'approche des matériaux, 5 heures 20 minutes de compagnon
et de manœuvre, à 0 fr. 40 l'heure. . . . 2 13

Faux frais, 1/15 de la main-d'œuvre. . » 14

                                            7 30

Bénéfice, 1/10. . . . . 0 73

Prix du mètre cube. 8 03

119. Mur idem, à deux parements.

Cailloux et mortier, comme au n° 117. 5 03

A reporter. 5 03

fr.

Report.	5	03
Façon, 5 heures 40 minutes de compagnon et de manœuvre, à 0 fr. 40 l'heure.	2	27
Faux frais, 1/15 de la main-d'œuvre. .	»	15
	7	45
Bénéfice, 1/10	»	75
Prix du mètre cube.	8	20

120. Mur idem, à deux parements, les matériaux pris dans les déblais à pied-d'œuvre, hourdé en mortier de chaux et sable.

Cailloux choisis dans les déblais, un mètre cube.	»	50
Mortier de chaux grasse et sable, 0m 35 cubes, à 5 fr. 74 le mètre	2	01
Façon, 5 heures 40 minutes de compagnon et de manœuvre, à 0 fr. 40 l'heure.	2	27
Faux frais, 1/15 de la main-d'œuvre (2 fr. 77)	»	18
	4	96
Bénéfice, 1/10.	»	50
Prix du mètre cube	5	46

121. Voûte idem, hourdée en mortier de chaux grasse et sable.

Cailloux rendus à pied-d'œuvre, un mètre cube (n° 63).	3	02
A reporter.	3	02

7

fr.

Report.	3	02
Déchet, 1/10	»	30
Mortier, 0ᵐ 40 cubes, à 5 fr, 74 le mè-tre	2	30
Façon , 9 heures de compagnon et de manœuvre, à 0 40 l'heure.	3	60
Faux frais , 1/15 de la main-d'œuvre .	»	24

	9	46
Bénéfice, 1/10.	»	95

Prix du mètre cube.	10	41

122. Voûte idem, les matériaux pris à pied-d'œuvre dans les déblais, hourdée en mortier de chaux et sable.

Cailloux de choix, pris dans les déblais.	»	75
Façon, mortier et faux frais, comme au numéro précédent	6	14

	6	89
Bénéfice , 1/10.	»	69

Prix du mètre cube.	7	58

123. Culées de pont, voûte et reins de voûte en cailloux, hourdés en mortier de chaux et de sable.

Cailloux, un mètre cube (n° 63). . . .	3	02
Déchet, 1/15	»	20

A reporter.	3	22

	fr.
Report.	3 22

Mortier, 0^m 38 cubes, à 5 fr. 74 le mè-

tre 2 18

Façon, 5 heures 45 minutes de compa-

gnon et de manœuvre, à 0 fr. 40 l'heure. 2 30

Faux frais, 1/15 de la main-d'œuvre, » 15

	7 85

Bénéfice, 1/10. . . . . . . » 79

Prix du mètre cube. 8 64

§ XI. *Ouvrages en brique.*

124. Murs en brique, jusqu'à trois mètres d'élévation, hourdés en mortier de chaux grasse et sable.

Pour un mètre cube.

600 briques, à 26 fr. 39 le mille (n° 64) 15 83

Déchet dans son emploi, 1/60. . . . . » 26

0^m 18 cubes de mortier de chaux grasse

et sable, à 5 fr. 74 le mètre 1 03

Façon, 10 heures de compagnon et de

manœuvre, à 0 fr. 40 l'heure . . . . . . 4 »

Faux frais, 1/15 de la main-d'œuvre. » 27

	21 39

Bénéfice, 1/10. . . . . 2 14

Prix du mètre cube. 23 53

125. Voûte de pont en brique, hourdée en mortier de chaux et sable.

	fr.	
600 briques, à 26 fr. 39 le mille. . . .	15	83
Déchet, 1/60	0	26
Mortier de chaux et sable, 0^m 24 cubes, à 5 fr. 74 le mètre.	1	38
Façon , 14 heures de compagnon et de manœuvre, à 0 fr. 40 l'heure	5	60
Faux frais, 1/15 de la main-d'œuvre.	»	37
	23	44
Bénéfice, 110.	2	34
Prix du mètre cube.	25	78

§ XII. *Bétons.*

126. Béton pour fondation de pile et culée de pont, en mortier de chaux moyennement hydraulique et sable, avec pierrailles ou gros graviers.

Mortier hydraulique , 0^m 70 cubes, à 9 fr. 16 le mètre (n° 51).	6	41
0^m 70 cubes de pierrailles ou gros graviers, à 2 fr. le mètre.	1	40
Façon et emploi du béton, 5 heures de compagnon maçon, à 0 fr. 25 l'heure. . .	1	25
10 heures pour deux manœuvres, à 0 fr. 15 l'heure.	1	50
A reporter	10	56

fr.

Report. 10 56

Faux frais, 1/15 de la main-d'œuvre
(2 fr. 75) . . . . » 18

_____

10 74

Bénéfice, 1/10. . . . . . 1 07

_____

Prix du mètre cube. 11 81

127. Béton idem, la chaux étant éminemment hydraulique.

Mortier, 0ᵐ 70 cubes, à 16 fr. 02 le mètre (nº 52) 11 21

Pierrailles, façon et faux frais, comme
au numéro précédent 4 33

_____

15 54

Bénéfice 1/10. . . . . . . 1 55

_____

Prix du mètre cube. 17 09

128. Béton idem, en mortier de chaux grasse et ciment.

Mortier, 0ᵐ 70 cubes, à 14 fr. 86 le mètre (nº 49). 10 40

0ᵐ 70 cubes de pierrailles, cailloux ou
gros graviers, à 2 fr. le mètre. 1 40

Façon, emploi du béton et faux frais,
comme au nº 126 . . . . 2 93

_____

A reporter. 14 73

fr.

Report 14 73

Bénéfice, 1/10. . . . . . . 1 47

Prix du mètre cube. 16 20

129. Béton en mortier de chaux grasse et sable, et graviers
pour chape de voûte.

Mortier, 0^m 80 cubes, à 5 fr. 74 le mètre (n° 48). 4 59

Graviers fins, 0^m 45 cubes, à 2 fr. le
mètre . . . . » 90

Façon et emploi du béton, 7 heures de
compagnon et de manœuvre, à 0 fr. 40
l'heure. 2 80

Faux frais, 1/15 de la main-d'œuvre. » 19

8 48

Bénéfice, 1/10. . . . . » 85

Prix du mètre cube. 9 33

130. Béton idem, pour chape de voûte, en mortier de chaux
moyennement hydraulique et sable.

Mortier, 0^m 80 cubes, à 9 fr, 16 le métre (n° 51) 7 33

Gravier, façon, emploi du béton et faux
frais, comme au n° 129 . . . . 3 89

A reporter 11 22

fr.

Report. 11 22

Bénéfice, 1/10. . . . . 1 12

Prix du mètre cube. 12 34

131. Béton idem, pour chape, la chaux étant éminemment hydraulique.

Mortiers, 0ᵐ 80 cubes, à 16 fr. 02 le mètre (n° 52) 12 82

Graviers, façon et faux frais, comme au n° 129. . . . . 3 89

16 71

Bénéfice, 1/10. . . . . 1 67

Prix du mètre cube. 18 38

132. Béton idem, pour chape, en mortier de chaux grasse et ciment.

Mortier, 0ᵐ 80 cubes, à 14 fr. 86 le mètre (n° 49) 11 89

Graviers, façon et faux frais, comme au n° 129. . . . . 3 89

15 78

Bénéfice, 1/10. . . . . 1 58

Prix du mètre cube. 17 36

Les détails précédents, du n° 126 au n° 132, ne

concernent que les bétons ordinaires. Mais ceux auxquels on ajoutera de la pouzzolane, des traas, du mâchefer, de la cendre, etc., en remplacement d'un même volume de sable ou de gravier, seront l'objet d'autres détails qui auront pour base, à très-peu de chose près, les mêmes proportions de chaux et de temps que pour les bétons précédents.

§ XIII. *Jointoiements, crépis et enduits.*

133. Jointoiement fait en mortier de chaux grasse et sable sur mur en moellon.

	fr.
Mortier, 0^m 012, à 5 fr. 74 le mètre cube (n° 48)	» 069
Façon, 20 minutes de compagnon et de manœuvre, à 0 fr. 40 l'heure.	» 133
Faux frais, 1/15 de la main-d'œuvre.	» 009
	» 211
Bénéfice 1/10.	» 021
Prix du mètre superficiel	» 232

Dans le sous-détail précédent, et les trois autres suivants, on suppose que les moellons sont bruts ou simplement dégrossis et ébousinés.

134. Jointoiement idem sur voûte en moellon.

Mortier 0^m 015, à 5 fr. 74 le mètre cube.	» 086
A reporter	» 086

fr.

Report . . . . . » 086

Façon, 24 minutes de compagnon et de
manœuvre, à 0 fr. 40 l'heure . . . . . . » 160

Faux frais, 1/15 de la main-d'œuvre. » 011

» 257

Bénéfice, 1/10. . . . . » 026

Prix du mètre superficiel. . . . » 283

135. Jointoiement fait en mortier de chaux grasse et ciment, sur mur
en moellon.

Mortier, 0ᵐ 012, à 14 fr. 86 le mètre
cube (n° 49). . . . . » 178

Façon et faux frais, comme au numéro
précédent . . . . » 142

» 320

Bénéfice, 1/10. . . . . » 032

Prix du mètre superficiel . . . . » 352

136. Jointoiement idem sur voûte en moellon.

Mortier de chaux et ciment, 0ᵐ 015, à
14 fr. 86 le mètre cube. . . . . » 223

Façon et faux frais, comme au n° 134. » 171

» 394

Bénéfice, 1/10. . . . . . . » 039

Prix du mètre superficiel. . . . » 433

137. Jointoiement fait en mortier de chaux grasse et sable sur mur en moellon esmillé.

fr.

Mortier, 0ᵐ 010 cubes, à 5 fr. 74 le mètre (n° 48). . . . . » 057
Façon, 24 minutes de compagnon et de manœuvre, à 0 fr. 40 l'heure . . . . . . » 160
Faux frais, 1/15 de la main-d'œuvre. » 011

» 228
Bénéfice, 1/10. . . . . . . » 023

Prix du mètre superficiel. . . . » 251

138. Jointoiement idem sur voûte en moellon esmillé.

Mortier, 0ᵐ 013 cubes, à 5 fr. 74 le mètre . . . . » 075
Façon, 30 minutes de compagnon et de manœuvre, à 0 fr. 40 l'heure . . . . . . » 200
Faux frais, 1/15 de la main-d'œuvre. » 013

» 288
Bénéfice, 1/10. . . . . » 029

Prix du mètre superficiel. . . . . » 317

139. Jointoiement en mortier de chaux grasse et ciment fin sur mur en moellon esmillé.

Mortier, 0ᵐ 01 cube, à 17 fr. 86 le

fr.

mètre (n° 50). . . . .   » 179

Façon, 24 minutes de compagnon et de
manœuvre, à 0 fr. 40 l'heure . . . . . .   » 160

Faux frais, 1/15 de la main-d'œuvre.   » 013
_____

» 352

Bénéfice, 1/10. . . . .   » 035
_____

Prix du mètre superficiel. . . .   » 387

140. Jointoiement en mortier de chaux grasse et ciment fin sur voûte
en moellon esmillé.

Mortier, 0ᵐ 013 cubes, à 17 fr. 86 le mètre (n° 50). . . . .   » 232

Façon, 30 minutes de compagnon et de
manœuvre, à 0 fr. 40 l'heure. . . . . . .   » 200

Faux frais, 1/15 de la main-d'œuvre.   » 014
_____

» 446

Bénéfice, 1/10 . . . .   » 045
_____

Prix du mètre superficiel. . . .   » 491

141. Jointoiement en mortier de chaux grasse et sable sur mur
en moellon piqué.

Mortier, 0ᵐ 01 cube, à 5 fr. 74 le mètre (n° 48) . . . .   » 057

Façon pour dégarnir les joints au cro-

A reporter. . . . . . .   » 057

fr.

Report. . . . . » 057

chet, les remplir en mortier et les lisser à la truelle, 30 minutes de compagnon et de manœuvre, à 0 fr. 40 l'heure . . . . » 200

Faux frais, 1/15 de la main-d'œuvre. » 014

0 271

Bénéfice, 1/10. . . . . . . » 027

Prix du mètre superficiel . . . » 298

142. Jointoiement en mortier idem sur voûte en moellon piqué.

Mortier, 0^m 013 cubes, à 5 fr. 74 le mètre (n° 48). . . . . » 07

Façon, 45 minutes de compagnon et de manœuvre, à 0 fr. 40 l'heure. . . . . . . » 30

Faux frais, 1/15 de la main-d'œuvre. » 02

» 39

Bénéfice, 1/10. . . . . . . » 04

Prix du mètre superficiel. . . . » 43

143. Jointoiement en mortier de chaux grasse et ciment fin sur mur en moellon piqué.

Mortier, 0^m 01 cube, à 17 fr. 86 le mètre (n° 50). . . . . » 18

A reporter. . . . . » 18

fr.

Report. . . . . » 18

Façon, 30 minutes de compagnon et de manœuvre, à 0 fr. 40 l'heure . . . . . . » 20

Faux frais, 1/15 de la main-d'œuvre. » 01

—————

» 39

Bénéfice, 1/10. . . . . . » 04

—————

Prix du mètre superficiel . . . . » 43

144. Jointoiement idem sur voûte en moellon piqué.

Mortier, 0ᵐ 013 cubes, à 17 fr. 86 le mètre (n° 50). . . . . » 23

Façon, 45 minutes de compagnon et de manœuvre, à 0 fr. 40 l'heure. . . . . » 30

Faux frais, 1/15 de la main-d'œuvre. » 02

—————

» 55

Bénéfice, 1/10. . . . . . » 06

—————

Prix du mètre superficiel. . . . » 61

145. Jointoiement en mortier de chaux grasse et sable sur mur en brique.

Mortier, 0ᵐ 008 cubes, à 5 fr. 74 le mètre (n° 48). . . . . » 046

Façon, 45 minutes de compagnon et de manœuvre, à 0 fr. 40 l'heure . . . . . . » 300

—————

A reporter . . . . . » 346

fr.

Report. 346
Faux frais, 1/15 de la main-d'œuvre. » 020

» 366
Bénéfice, 1/10 . . . . . » 037

Prix du mètre superficiel . . . . » 403

146. Jointoiement idem sur voûté en brique.

Mortier, 0ᵐ 01, à 5 fr. 74 le mètre cube. » 057
Façon, une heure de compagnon et de
manœuvre. . . . . » 400
Faux frais, 1/15 de la main-d'œuvre. » 027

» 484
Bénéfice, 1/10 . . . . » 048
Prix du mètre superficiel . . . . » 532

147. Jointoiement en mortier de chaux grasse et ciment sur mur
en brique.

Mortier, 0ᵐ 008 cubes, à 17 fr. 86 le
mètre (n° 50) . . . . » 142
Façon, 45 minutes de compagnon et de
manœuvre, à 0 fr. 40 l'heure . . . . . . » 300
Faux frais, 1/15 de la main-d'œuvre. » 020

» 462
Bénéfice, 1/10. . . . . . . » 046

Prix du mètre superficiel . . . . » 508

148. Jointoiement idem sur voûte en brique.

fr.

Mortier, 0m 01, à 17 fr. 86 le mètre
cube . . . . » 179
Façon, une heure de compagnon et de
manœuvre. . . . . » 400
    Faux frais, 1/15 de la main-d'œuvre. » 027
                                              » 606
           Bénéfice, 1/10 . . . . » 061

      Prix du mètre superficiel . .   . » 667

149. Crépi plein sur mur en moellon brut ou simplement dégrossi,
fait en mortier de chaux et sable.

Mortier, 0m 02 cubes, à 5 fr. 74 le mètre (n° 48). . . . . » 115
Façon, 30 minutes de compagnon et de
manœuvre, à 0 fr. 40 l'heure . . . . . . » 200
    Faux frais, 1/15 de la main-d'œuvre. » 014
                                               » 329
           Bénéfice, 1/10 . . . . . . » 033

      Prix du mètre superficiel. . . . . » 362

150. Crépi plein, en mortier de chaux grasse et ciment fin, sur mur
en moellon brut.

Mortier, 0m 02 cubes, à 17 fr. 86 le

fr.

mètre (n° 50) . . . .   » 357

Façon, 30 minutes de compagnon et de manœuvre, à 0 fr. 40 l'heure . . . . . .   » 200

Faux frais, 1/15 de la main-d'œuvre.   » 014

_____

» 571

Bénéfice, 1/10. . . . . .   » 057

_____

Prix du mètre superficiel. . . . .   » 628

Lorsque les jointoiements ou les crépis pleins seront en mortier hydraulique, on portera les prix élémentaires des numéros 51 et 52.

Lorsqu'il s'agira de rejointoyer ou recrépir une ancienne construction pour laquelle il faudra établir exprès un échafaud, le temps de cette main-d'œuvre devra être ajouté aux détails précédents, en raison de la difficulté de l'opération.

§ XIV. *Parements en moellon esmillé et en moellon piqué.*

151. Parements en moellon très-dur esmillé pour mur ou voûte; chaque moellon étant supposé d'une longueur moyenne de queue de 25 centimètres.

Pour un mètre superficiel de parement.

Moellon très-dur, 0^m 25 cubes, à 4 fr. 15 le mètre (n° 61) 1 fr. 04.

Déchet causé par l'esmillage du moellon, 1/5.   » 21

_____

A reporter. . . . .   » 21

fr.

Report. . . . . » 21

Façon de l'esmillage, 30 minutes de compagnon et de manœuvre, à 0 f. 40 l'heure. » 20

Faux frais, 1/15 de la main-d'œuvre. » 01

—————

» 42

Bénéfice, 1/10. . . . . . . » 04

—————

Prix du mètre superficiel. . . . . . » 46

152. Parement esmillé, en moellon de banc franc, pour mur ou voûte.

Moellon rendu au chantier, 0^m 25 cubes, à 3 fr. 16 le mètre (n° 62) 0 fr. 79

Déchet causé par l'esmillage, 1/5 . . . » 16

Temps pour l'esmillage, 20 minutes de compagnon et de manœuvre, à 0 fr. 40 l'heure . . . . » 13

Faux frais, 1/15 de la main-d'œuvre. . » 01

—————

» 30

Bénéfice, 1/10. . . . . . . » 03

—————

Prix du mètre superficiel. . . . . . » 33

En examinant les deux sous-détails précédents, on peut être surpris de voir figurer le temps d'un manœuvre pour l'esmillage du moellon, parce qu'il est bien certain que cet ouvrier n'est pas occupé à autre chose qu'à servir le compagnon auquel il est attaché. Mais il ne faut pas perdre de vue que cha-

8

que compagnon a toujours un manœuvre pour le servir. Ainsi, que ce dernier travaille peu ou beaucoup, ou qu'il reste dans l'inaction une partie de la journée, il n'en est pas moins payé. Il faut donc nécessairement comprendre son salaire avec celui du compagnon.

Cependant pour certains ouvrages, comme par exemple pour les moellons piqués, lesquels sont ordinairement taillés par des ouvriers spéciaux pour ce genre de travail, il est évident en pareil cas qu'il n'y a pas de manœuvre, et par conséquent le temps seul de l'ouvrier *piqueur* doit être compté.

153. Parement en moellon très-dur, piqué, c'est-à-dire taillé grossièrement sur lits, joints et parement de tête, pour mur sur plan droit et voûte de grande dimension ; les moellons étant supposés avoir une longueur moyenne de queue de 25 centimètres.

	fr.
Moellon, comme au n° 151, 1 fr. 04.	
Déchet causé par la taille des moellons, 1/3.	» 35
Temps pour la taille des moellons, 3 heures de compagnon, à 0 fr. 25 l'heure. . .	» 75
Faux frais, 1/15 de la main-d'œuvre.	» 05
	1 15
Bénéfice, 1/10.	» 12
Prix du mètre superficiel.	1 27

154. Parement idem en moellon dur de banc franc.

fr.

Moellons, comme au n° 152, 0 fr. 79.

Déchet causé par la taille des moellons,
1/3. . . . . » 26

Temps pour la taille des moellons, 2 heures de compagnon, à 0 fr. 25 l'heure. . . » 50

Faux frais, 1/15 de la main-d'œuvre. » 03

» 79

Bénéfice, 1/10. . . . . » 08

Prix du mètre superficiel. . . . . » 87

Les moellons piqués des ouvrages circulaires d'un grand rayon sont les mêmes que ceux des murs sur plan droit. Mais pour des ouvrages en petite partie, et lorsque les moellons sont taillés à la cerce sur le parement de tête, les parements à simple courbure sont comptés 1/4 ou 1/3 de plus que ceux sur plan droit, selon le rayon de la courbe et le degré de perfection dans la taille des moellons.

Les parements en moellon piqué à double courbure ou en calotte, et en petite partie, sont comptés, terme moyen, moitié de plus que ceux sur plan droit.

Les parements droits en talus du sixième de leur hauteur, sont comptés 1/10 de plus que ceux sur plan vertical.

Pour diminuer le nombre des sous-détails, on

peut ajouter ensemble le prix des jointoiements et celui des parements en mollons esmillés ou piqués.

Autrefois les moellons les mieux taillés étaient piqués à la grosse boucharde sur le parement de tête, après leur pose en place. C'est une chose que l'on ne fait plus. Il est quelquefois même assez difficile aujourd'hui de distinguer les parements en moellon esmillé très-bien faits, de ceux en moellon piqué qui n'auraient pas toute la perfection désirable. Mais ceci est une rare exception, car il y a ordinairement une différence très-remarquable dans l'équarrissage de ces deux sortes de moellons, les uns étant tout simplement esmillés par les compagnons maçons, au fur et à mesure qu'ils en font emploi, tandis que les autres sont taillés et équarris avec beaucoup plus de perfection sur le chantier, soit par les tailleurs de pierre, soit par des ouvriers spécialement chargés de cette sorte de travail.

Au reste, avec un peu d'expérience et de discernement, il sera toujours facile de reconnaître si les moellons ont été esmillés ou piqués suivant les conditions du devis, ou si ces conditions n'ont été remplies qu'imparfaitement.

CHAPITRE V.

CHARPENTE.

Dans les sous-détails qui suivent, nous avons supposé que la charpente serait taillée sur un chantier préparé tout exprès en pleine campagne et placé à la proximité des constructions projetées. Dans cette hypothèse nous avons dû compter le transport des bois à dos d'homme, depuis le chantier jusqu'au lieu du levage et de la pose.

Mais lorsque par la disposition du terrain la charpente devra être taillée sur un point plus éloigné, le transport se fera nécessairement au moyen de voitures dont il faudra tenir compte dans les analyses de prix.

155. Bois de chêne ordinaire sans assemblage, mais coupé de mesure et posé.

	fr.	
Bois de chêne rendu au chantier, un mètre cube.	70	»
Déchet, 1/20	3	50
Façon pour la taille, 15 heures de com-		
A reporter.	73	50

	fr.	
Report	73	50
pagnon, à 0 fr. 20 l'heure.	3	»
Pour le transport du chantier à pied-d'œuvre, à une distance de 100 mètres, 6 heures de compagnon, à 0 fr. 20 l'heure.	1	20
Levage et pose, 8 heures de compagnon, à 0 fr. 20 l'heure	1	60
Faux frais, 1/15 de la main-d'œuvre (5 fr. 80)	»	40
	79	70
Bénéfice, 1/10.	7	97
Prix du mètre cube	87	67

156. Bois ordinaire sans assemblage, fendu en deux par un trait de scie, coupé de longueur et posé.

	fr.	
Bois, déchet, façon, transport et posé, comme au n° précédent	79	30
Sciage, 6 heures de deux scieurs, à 0 fr. 50 l'heure pour les deux.	3	»
Faux frais, 1/15 de la main-d'œuvre (8 fr. 80).	»	59
	82	89
Bénéfice, 1/10	8	29
Prix du mètre cube.	91	18

157. Bois de chêne de troisième qualité, de 35 à 40 centimètres d'équarrissage, pour sommiers de ponts et autres ouvrages semblables.

	fr.	
Bois rendu au chantier, un mètre cube.	80	»
Déchet, 1/20	4	»
Façon pour la taille, comme au n° 155.	3	»
Transport du chantier à pied-d'œuvre, à 100 mètres de distance, idem	1	20
Levage et pose, 10 heures de compagnon, à 0 fr. 20 l'heure.	2	»
Faux frais, 1/15 de la main-d'œuvre (6 fr. 20)	»	41
	90	61
Bénéfice, 1/10.	9	06
Prix du mètre cube.	99	67

158. Bois de chêne ordinaire, assemblé à tenons et mortaises.

Bois et déchet, comme au n° 155 . . .	73	50
Façon pour la taille, 35 heures de compagnon, à 0 fr. 20 l'heure.	7	»
Transport, comme au n° 155	1	20
Levage et pose, 12 heures de compagnon, à 0 fr. 20 l'heure	2	40
Faux frais, 1/15 de la main-d'œuvre		
A reporter.	84	10

fr.

Report. 84 10

(10 fr. 60). 0 71

_____

84 81

Bénéfice, 1/10 . . . . . 8 48

_____

Prix du mètre cube. 93 29

1§9. **Bois de chêne ordinaire, fendu en deux par un trait de scie, et assemblé à tenons et mortaises.**

Bois, déchet, façon, transport et pose, comme au numéro précédent. 84 10

Sciage, 6 heures de deux scieurs, à 0 fr. 50 l'heure. . . . . 3 »

Faux frais, 1/15 de la main-d'œuvre (13 fr. 60) . . . . » 91

_____

88 01

Bénéfice, 1/10. . . . . 8 80

_____

Prix du mètre cube 96 81

160. **Bois de chêne ordinaire, refait sur toutes les faces et assemblé à tenons et mortaises.**

Bois en œuvre, un mètre cube . . . . 70 »

Déchet, 1/10. . . . . 7 »

Taille ou façon, 60 heures de compa-

_____

A reporter. . . . . . . 77 »

	fr.	
Report.	77	»
gnon, à 0 fr. 20 l'heure.	12	»
Pour le transport du chantier à pied-d'œuvre, à 100 mètres de distance, 6 heures de compagnon, à 0 fr. 20 l'heure.	1	20
Levage et pose, 12 heures de compagnon, à fr. 20 l'heure.	2	40
Faux frais, 1/15 de la main-d'œuvre (15 fr. 60).	1	04
	93	64
Bénéfice, 1/10.	9	36
Prix du mètre cube.	103	»

161. Bois de chêne de troisième qualité, fendu en deux par un trait de scie, et assemblé à tenons et mortaises.

Bois en œuvre, un mètre cube. . . .	80	»
Déchet 1/20	4	»
Façon ou taille, 35 heures de compagnon, à 0 fr. 20 l'heure	7	»
Transport du chantier à pied-d'œuvre, comme au numéro précédent.	1	20
Levage et pose, 14 heures de compagnon, à 0 fr. 20 l'heure.	2	80
Sciage, 6 heures de deux scieurs, à 0 fr. 50 l'heure.	3	»
Faux frais, 1/15 de la main-d'œuvre		
A reporter.	98	»

	fr.	
Report.	98	»
(14 fr.)	»	93
	98	93
Bénéfice, 1/10. . . .	9	89
Prix du mètre cube. . . .	108	82

162. Bois de chêne ordinaire, à un sciage, assemblé à tenons
et mortaises pour cintre de voûte.

Si on suppose que les bois provenant de la démolition des cintres seront repris en compte par l'entrepreneur six ou huit mois après leur emploi, on peut en conclure que, par l'effet du temps et de leur taille, et du retransport au chantier du charpentier, ces bois éprouveront une dépréciation d'environ un quart ou un tiers sur leur valeur primitive.

Sous-détail pour un mètre cube.

Bois neuf ordinaire, un mètre cube . .	70	»
Déchet, 1/20	3	50
Taille ou façon, 35 heures de compagnon, à 0 fr. 20 l'heure.	7	»
Pour le transport des bois du chantier à pied-d'œuvre, à 100 mètres de distance, comme au n° 155	1	20
Levage et posé, 12 heures de compagnon, à 0 fr. 20 l'heure	2	40
Sciages partiels, 4 heures de deux scieurs,		
A reporter.	84	10

	fr.
Report.	84 10

à 0 fr. 50 l'heure. . . . . 2 »

Pour la dépose des mêmes bois et leur rangement, 10 heures de compagnon, à 0 fr. 20 l'heure . . . . 2 »

Faux frais, 1/15 de la main-d'œuvre (14 fr. 60). . . . . » 97

89 07

Bénéfice, 1/10. . . . . 8 91

Prix du mètre cube de cintres en bois neuf. 97 98

Les mêmes bois, repris en compte sur place par l'entrepreneur, valent le mètre cube . . . . 50 »

Déchet causé par les tenons et entailles, 1/10 . . . . 5 »

Prix net du mètre cube de bois pris en compte. . . . . 45 » ci 45 »

Reste net à compter, par mètre cube. . 52 98

163. Cintres de voûte en bois de sapin neuf de sciage, sur une face.

Bois de sapin rendu au chantier, un mètre cube. . . . . 50 »

Déchet, 1/20 . . . . 2 50

A reporter. 52 50

fr.

Report.	52	50

Taille ou façon, 30 heures de compagnon, à 0 fr. 20 l'heure. . . . . 6 »

Pour le transport des bois, du chantier à pied d'œuvre, à 100 mètres de distance, 5 heures de compagnon, à 0 f. 20 l'heure. 1 »

Levage et pose, 10 heures de compagnon, à 0 fr. 20 l'heure . . . . 2 »

Dépose des mêmes bois, huit mois après leur pose, 9 heures de compagnon, à 0 fr. 20 l'heure. 1 80

Faux frais, 1/15 de la main-d'œuvre (10 fr. 80) . . . . » 72

64 02

Bénéfice, 1/10. . . . . . 6 40

Prix du mètre cube de bois de sapin neuf pour cintre de voûte. 70 42

Les mêmes bois, repris en compte sur place par l'entrepreneur, valent le mètre cube. . . . . 34 »

Déchet causé par les assemblages et entailles, 1/10. . . . . 3 40

Valeur d'un mètre cube de bois de sapin pris en compte . . . . 30 60 ci 30 60

Reste net à compter par mètre cube . . 39 82

164. Cintres en charpente, déposés et reposés en place sans avoir eu besoin d'être retaillés.

fr.

Dépose et repose, 19 heures de compagnon, à 0 fr. 20 l'heure. 3 80
Faux frais, 1/15. . . . .   » 25

—————

4 05
Bénéfice, 1/10. . . . . . .   » 41

—————

Prix du mètre cube. 4 46

165. Étaiement en bois de chêne neuf, les bois loués par l'entrepreneur.

Déchet des bois loués, 1/25 de mètre cube, à 70 fr. le mètre 2 80
Façon ou taille, 5 heures de compagnon, à 0 fr. 20 l'heure. . . . .   1 »
Levage, pose et dépose, 10 heures de compagnon, à 0 fr. 20 l'heure. . . . . .   2 »
Chargement, transport à 2,000 mètres de distance, et déchargement double pour ces bois. 3 20
Faux frais, 1/15 de la main-d'œuvre (6 fr. 20) . . . .   » 41

—————

9 41
Bénéfice, 1/10. . . . . . .   » 94

Prix du mètre cube 10 35

Il n'est compté aucune dépréciation pour les bois

employés comme simples étais, car ces bois n'ont
ni mortaises, ni tenons, ni entailles. Ils ne pourraient perdre de leur valeur comme bois neuf que
s'ils restaient longtemps exposés aux alternatives
du sec et de l'humide.

La valeur des cales et détentes se trouve com-
prise dans les prix précédents.

166. Etais pour dépose, retaille et repose.

	fr.
Déchet, 1/25 ou 0ᵐ 04 cubes de bois de chêne neuf ordinaire, à 70 fr. le mètre. .	2 80
Façon, levage, pose et dépose, comme au numéro précédent	3 »
Faux frais, 1/15 de la main-d'œuvre. .	» 20
	6 »
Bénéfice, 1/10	» 60
Prix du mètre cube.	6 60

CHAPITRE VI.

SERRURERIE.

§ I. *Table du poids d'un mètre courant de fer plat ou carré en barres, le mètre cube de fer étant du poids de 8,225 kilogrammes.*

ÉPAISSEUR.	LARGEUR.	POIDS.	ÉPAISSEUR.	LARGEUR.	POIDS.
Millimètres	Millimètres	Kilogrammes	Millimètres	Millimètres	Kilogrammes
4	10	0k329	10	10	0k823
4	20	0,658	10	20	1,645
4	30	0,987	10	30	2,468
4	40	1,316	10	40	3,290
4	50	1,645	10	50	4,113
4	60	1,974	10	60	4,915
6	10	0,494	10	70	5,758
6	20	0,987	10	80	6,580
6	30	1,481	10	90	7,403
6	40	1,974	15	15	1,851
6	50	2,468	15	20	2,468
6	60	2,961	15	30	3,701
6	70	3,455	15	40	4,935
8	10	0,658	15	50	6,169
8	20	1,316	15	60	7,402
8	30	1,974	15	70	8,636
8	40	2,632	15	80	9,871
8	50	3,290	15	90	11,103
8	60	3,948	15	100	12,338
8	70	4,606	20	20	3,290
8	80	5,264	25	25	4,341
			30	30	7,402
			35	35	10,076
			40	40	13,160
			55	55	24,880
			80	80	52,640

§ II. *Table du poids d'un mètre courant de fer rond de divers diamètres.*

DIAMÈTRE DU FER.	POIDS D'UN MÈTRE de longueur.	DIAMÈTRE DU FER.	POIDS D'UN MÈTRE de longueur.
Millimètres.	Kilogrammes.	Millimètres.	Kilogrammes.
7	0ᵏ317	22	3ᵏ126
9	0,523	25	4,038
11	0,782	27	4,711
13	1,092	29	5,435
15	1,454	31	6,210
18	2,094	34	7,468
20	2,585	40	10,339

§ III. *Ouvrages en gros fers.*

167. Gros fers employés pour ancres, tirants, harpons et fortes plates-bandes.

Pour 100 *kilogrammes.*

	fr.	
Fer en œuvre ordinaire, 100 kilogr. . . .	70	»
Déchet, 1/30		2 33
Charbon de terre, 0ᵐ 11 cubes, à 36 fr. le mètre.		3 96
Façon, 14 heures de compagnon forgeron et de son aide, à 0 fr. 50 l'heure. . .	7	»
Pose, 5 heures de poseur, à 0 fr. 25 l'heure		1 25
Pour le transport du fer de l'atelier du		

A reporter 84 54

	fr.
Report	84 54
serrurier au chantier, à 1,500 mètres de distance	» 25
Faux frais, 1/15 de la main-d'œuvre (8 fr. 50)	» 85
	85 64
Bénéfice, 1/10.	8 56
Prix du quintal métrique.	94 20
Prix du kilogramme	» 94

168. Garde-corps de pont, en fer carré ordinaire, à croisillons.

Fer en œuvre, 100 kilogrammes. . . .	70 »
Déchet, 1/20	3 50
Charbon, 0ᵐ 20 cubes, à 36 fr. le mè-tre	7 20
Façon, 60 heures de compagnon et aide, à 0 fr. 50 l'heure.	30 »
Pose, 15 heures de poseur, à 0 fr. 25 l'heure	3 75
Faux frais, 1/10 de la main-d'œuvre (33 fr. 75).	3 38
	117 83
Bénéfice, 1/10.	11 78
Prix du quintal métrique.	129 61
Prix du kilogramme	1 30

§ IV. *Boulons et chevillettes.*

169. Boulon en fer carré de 30 millimètres, à tête d'un bout et écrou de l'autre, et de 60 centimètres de longueur.

Détail des premiers 30 centimètres de longueur.

	fr.	
Fer, 40 centimètres de longueur, compris 10 centimètres pour la tête du boulon et pour l'écrou, pesant 2 kil. 96, à 0 fr. 70 le kilogramme.	2	07
Déchet, 1/10	»	21
Charbon, 0ᵐ 006, à 36 fr. le mètre cube.	»	22
Façon et pose, une heure 30 minutes de compagnon et aide, à 0 fr. 50 l'heure. . .	»	75
Faux frais, 1/10 de la main-d'œuvre. .	»	08
	3	33
Bénéfice, 1/10	»	33
Prix des premiers 30 centimètres de longueur	3	66

Détail des deuxièmes 30 centimètres.

	fr.	
Fer, 30 centimètres, pesant 2 kil. 22, à 0 fr. 70 le kilogramme.	1	55
Déchet, 1/10	»	16
A reporter.	1	71

	fr.
A reporter.	1 71
Pose et faux frais.	» 20
	1 91
Bénéfice, 1/10.	» 19
Prix des deuxièmes 30 centimètres.	2 10

En réunissant les deux prix précédents, le boulon ci-dessus, de 60 centimètres de longueur, vaut 5 fr. 76.

Le poids total de ce boulon étant de 5 k. 18, le quintal métrique de cette sorte de boulons vaut 111 fr. 20.

Et le kilogramme, 1 fr. 11.

La quantité de charbon, la façon et la pose augmentent ou diminuent en raison de la grosseur du fer et de la longueur des boulons.

170. Boulon en fer rond, de 13 millimètres de diamètre, avec tête et écrou, et de 60 centimètres de longueur.

Détail des premiers 30 centimètres.

Fer, 0^m 40 de longueur, compris 10 centimètres pour la tête et pour l'écrou, pesant 0 kil. 437, à 0 fr. 90 le kilogramme. . . .	» 39
Déchet, 1/10.	» 04
Charbon, 0^m 004, à 36 fr. le mètre cube.	» 14
Façon et pose, 50 minutes de compagnon	
A reporter.	» 57

	fr.	
Report.	»	57
et aide, à 0 fr. 50 l'heure.	»	41
Faux frais, 1/10 de la main-d'œuvre. .	»	04
	1	02
Bénéfice, 1/10.	»	10
Prix des premiers 30 centimètres de longueur.	1	12

Détail des deuxièmes 30 centimètres.

Fer, 30 centimètres de longueur, pesant 0 kil. 33, à 0 fr. 90 le kilogramme. . . .	»	30
Déchet, 1/10 . . . . « . . .	»	03
Pose et faux frais	»	15
	0	48
Bénéfice, 1/10.	»	05
Prix des deuxièmes 30 centimètres. . .	»	53
Le quintal métrique de ces boulons vaut.	215	13
Et le kilogramme.	2	15

171. Boulon en fer rond de 20 millimètres de diamètre, et de 60 centimètres de longueur, avec tête d'un bout et écrou de l'autre.

Détail des premiers 30 centimètres.

Fer, 40 centimètres de longueur, compris 10 centimètres pour la tête et pour

fr.

l'écrou, pesant 1 kil. 034, à 0 fr. 90 le
kilogramme. . . . . » 93
   Déchet, 1/10 . . . . » 09
   Charbon, 0ᵐ 005, à 36 fr. le mètre cube. » 18
   Façon et pose, 55 minutes de compagnon
et aide, à 0 fr. 50 l'heure . . . . » 46
   Faux frais, 1/10 de la main-d'œuvre. . » 05
                                  1 71
          Bénéfice , 1/10. . . . . 0 17

Prix des premiers 30 centimètres de longueur. 1 88

Détail des deuxièmes 30 centimètres.

  Fer, 30 centimètres de longueur, pesant
0 kil. 776, à 0 fr. 90 le kilogramme. . . . » 70
   Déchet, 1/10 . . . . » 07
   Pose et faux frais . . . . » 18
                               » 95
          Bénéfice, 1/10. . . . . » 09

Prix des deuxièmes 30 centimètres de
longueur. 1 04

   Le quintal métrique de ces boulons vaut. 161 32
    Et le kilogramme. 1 61

172. Boulon en fer rond de 27 millimètres de diamètre, et de 60 centimètres de longueur, avec tête et écrou.

Détail des premiers 30 *centimètres.*

	fr.	
. Fer, 41 centimètres de longueur, compris 11 centimètres pour la tête du boulon et pour l'écrou, pesant 1 kil. 932, à 0 fr. 85 le kilogramme.	1	64
Déchet, 1/10	»	16
Charbon, 0ᵐ 005, à 36 fr. le mètre cube.	»	18
Façon et pose, une heure 12 minutes de compagnon et aide, à 0 fr. 50 l'heure . .	»	55
Faux frais, 1/10 de la main-d'œuvre. .	»	06
	2	59
Bénéfice, 1/10.	»	26
Prix des premiers 30 centimètres de longueur.	2	85

Détail des deuxièmes 30 *centimètres.*

	fr.	
Fer, 30 centimètres de longueur, pesant 1 kil. 413, à 0 fr. 85 le kilogramme. . .	1	20
Déchet, 1/10	»	12
Pose et faux frais.	»	20
	1	52
Bénéfice, 1/10.	»	15
Prix des deuxièmes 30 centimètres de longueur.	1	67

fr.

Le quintal métrique de ces boulons vaut. 135 13
    Et le kilogramme. 1 35

173. Chevillettes de charpentier en fer de roche.

Fer, 100 kilogrammes . . . . 80 »
Déchet, 1/10 . . . . 8 »
Charbon, 0^m 20, à 36 fr. le mètre cube. 7 20
Façon, 38 heures de compagnon et aide,
à 0 fr. 50 l'heure. . . . . 19 »
Faux frais, 1/10 de la main-d'œuvre. . 1 90
                                            116 10
       Bénéfice, 1/10. . . . . . . 11 61

Prix du quintal métrique 127 71
Prix du kilogramme. 1 28

Chaque centimètre de longueur de chevillette vaut environ 2 centimes.

Le temps nécessaire pour l'emploi des chevillettes en fer se trouve compris dans les frais de pose de la charpente.

CHAPITRE VII.

FONTE.

Les ouvrages en fonte, en usage dans les travaux publics, consistent principalement en tuyaux pour les conduites d'eau, rails et coussinets pour les chemins de fer. Tous ces objets se vendent au poids, à raison de 40 à 55 fr. le quintal métrique, suivant l'importance de la livraison et la distance pour le transport desdits objets.

La fonte ou fer fondu pèse environ 7,300 kilogr. le mètre cube.

Avec cette donnée et en mesurant exactement l'épaisseur de la couronne des tuyaux, il sera facile d'en calculer le poids. Mais pour plus d'exactitude encore, il vaudra mieux peser un bout de chaque espèce de tuyau et de toute autre pièce en fonte.

CHAPITRE VIII.

PEINTURE.

Les couleurs principales que l'on emploie exté-
rieurement dans les travaux publics sont : le gris
en blanc de céruse, le vert-de-gris, le vert-bronze,
le minium, le vermillon et le bitume.

174. Gris en blanc de céruse, à l'huile de lin, appliqué sur fer
ou sur bois, à trois couches.

	fr.	
Première couche	»	40
Rebouchage en mastic à l'huile.	»	10
Deuxième et troisième couches.	»	70
Prix du mètre superficiel.	1	20

Ce prix et ceux qui suivent comprennent le bénéfice de l'entrepreneur et les faux frais.

175. Vert-de-gris, idem à l'huile, trois couches.

Première couche en blanc de céruse à l'huile	»	40
Rebouchage en mastic à l'huile	»	10
A reporter.	»	50

fr.

Report . . . . . » 50

Deuxième et troisième couches en vert-
de-gris . . . . » 90

Prix du mètre superficiel. 1 40

176. Vert-bronze, idem à l'huile, trois couches.

Première couche en blanc de céruse . . » 40
Rebouchage en mastic à l'huile. . . . . » 10
Deuxième et troisième couches en vert-
bronze. . . . . » 60

Prix du mètre superficiel. 1 10

177. Rouge minium pur, à l'huile, trois couches, appliqué sur fer.

Première couche au minium . . . . . . » 55
Deuxième et troisième couches idem. . . » 90

Prix du mètre superficiel. 1 45

178. Rouge au vermillon pur, à l'huile, trois couches.

Première couche en blanc de céruse. . . » 40
Deux couches de teinte au vermillon . . 3 20

Prix du mètre superficiel 3 60

179. Bitume, à deux couches.

Première couche . . . . » 35
Deuxième couche. . . . . » 30

Prix du mètre superficiel. . . . . . ». 65

TABLE DES MATIÈRES.

FIN.

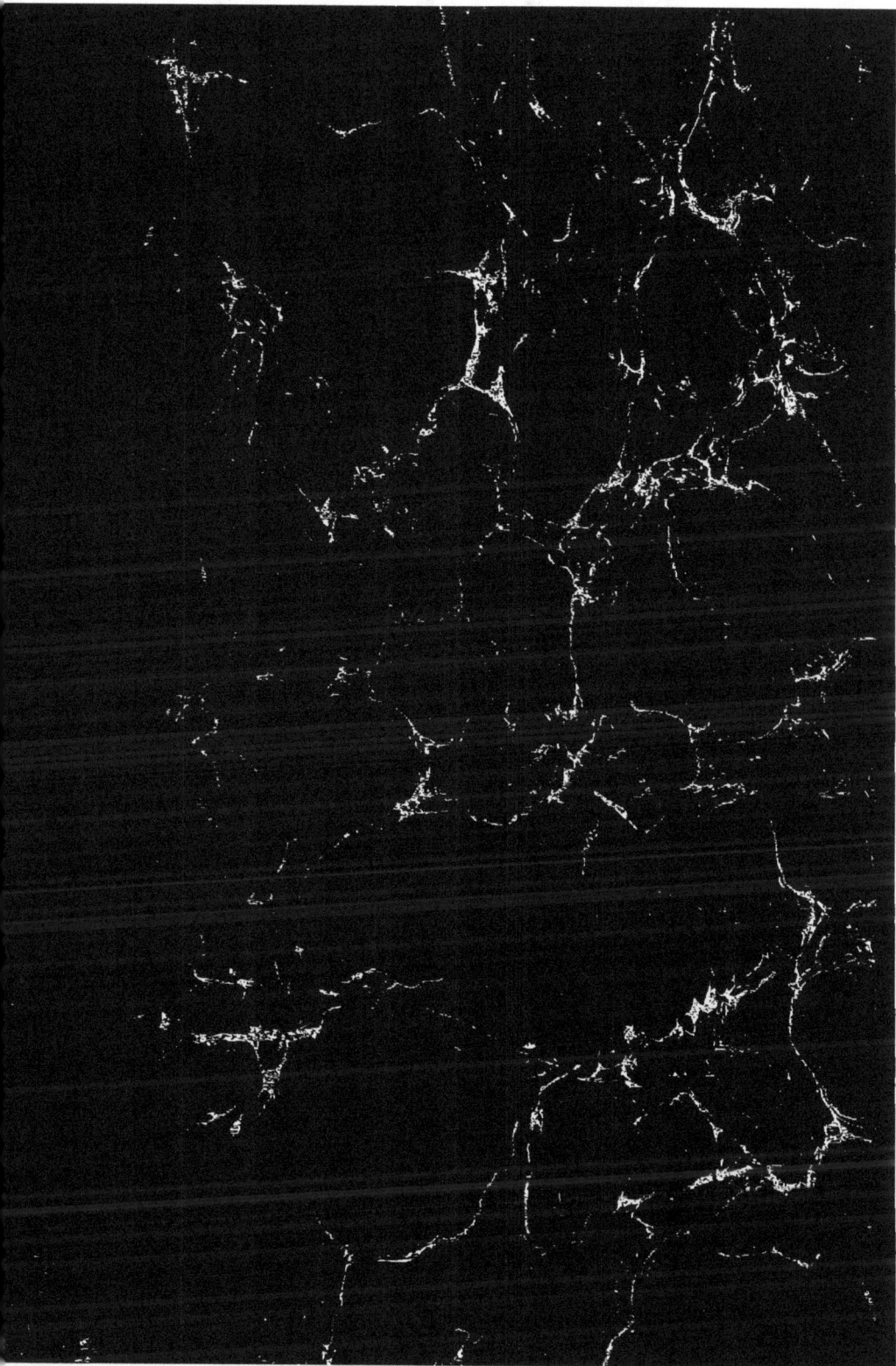

www.ingramcontent.com/pod-product-compliance
Lightning Source LLC
Chambersburg PA
CBHW071852200326
41519CB00016B/4345